Heinz Feldmann

8 Stufen **zum Verkaufs**erfolg

Zur Spitzenklasse im Außendienst & Key-Account-Verkauf

SiGNUM

Besuchen Sie uns im Internet unter
www.signumverlag.de

© 2007 by Amalthea Signum Verlag GmbH, Wien
Alle Rechte vorbehalten
Schutzumschlag: g@wiescher-design.de
Satz: Fotosatz Völkl, Inzell/Obb.
Gesetzt aus der 10/12,6 Punkt Optima
Druck und Binden: GGP Media GmbH, Pößneck
Printed in Germany
ISBN: 978-3-85436-390-3

Inhalt

5

Vorwort

Danke, dass Sie dieses Buch gekauft haben. Wer hat es Ihnen verkauft? Oder haben Sie es geschenkt bekommen? Wir Menschen lassen uns nämlich nicht gerne etwas »verkaufen«. Wir sind nicht gerne die »Passiven«, mit denen man etwas tut. Sozusagen die, die sich etwas verkaufen (antun, andrehen) lassen wollen. Wir sind lieber in der aktiven Rolle. Ja, wir kaufen gerne etwas ein oder, besser noch, »ergattern« uns ein Schnäppchen. Daher entsprechen wahre Profiverkäuferinnen und -Verkäufer auch nicht dem landläufigen Bild des Schwätzers, der die Leute zu einem Kauf überredet. Wahre Profis arbeiten viel eleganter und sind bei ihren Kunden hoch geschätzt und beliebt. Weil sie es schaffen, ihren Kunden das Gefühl zu geben, dass sie sich selbst etwas »gekauft« haben, statt dass ihnen etwas »verkauft« wurde.

Vor Jahren waren ich und meine damalige Frau in einer sehr schwierigen Phase unserer Ehe. Unsere Beziehungsprobleme häuften sich, und mein Sohn war gerade in einer eher unerquicklichen Pubertätskrise. Wir suchten einen Familientherapeuten auf, der uns helfen sollte. Therapeuten sind ja auch (wie wir Verkäufer) Profikommunikatoren. Menschen also, die ihr Geld mit gekonnter Kommunikation verdienen. Was ich an unserem Therapeuten besonders schätzen lernte, war seine absolut minimalistische und unspektakuläre Arbeitsweise. Bei ihm hatte ich immer das Gefühl, wir plauderten ein wenig über dies und das. Er traf aber regelmäßig ins Schwarze. Mit einer simplen Frage. Ähnlich dem bekannten Inspektor Columbo stellte der Therapeut eine simple Frage: »Also, Herr Feldmann, eines verstehe ich nicht. Wenn Sie das so sagen, was bedeutet denn das für xyz?« Und ich spürte in dem Augenblick die Erkenntnis fast körperlich. »Ja, genau, Mensch, weshalb bin ich da nicht selbst schon darauf gekommen!?« Wie gesagt, er blieb immer ruhig und behielt seinen Plauderton bei. Bei meiner Frau und mir hat er mit seiner minimalistischen Art viel Positives bewirkt. Und es war einfach angenehm, mit ihm ein Gespräch zu führen. Dabei hat er das Gespräch geführt. Nicht diktatorisch, als der Halbgott im weißen Kittel. Nein, er stellte nur hin und wieder die richtigen Fragen und gab uns das Gefühl, wir sind in dem Augenblick, hier und jetzt, die wichtigsten Menschen für ihn.

Wenn uns das als Verkäufer gelingt, dass unsere Kunden gerne ein Gespräch mit uns haben, und wenn wir ihnen das Gefühl vermitteln können, sie und ihre Anliegen sind in dem Augenblick das Wichtigste, dann spielen wir verkäuferisch in der Oberliga.

Darum geht es in diesem Buch. Um professionelles Verkaufen. Ich habe mit 15 Jahren »beruflich« damit begonnen und mache es jetzt schon an die 30 Jahre. Und obwohl ich meine Arbeit all die Jahrzehnte schon recht ernst nehme, lerne ich auch heute noch bei fast jedem meiner Verkaufsgespräche etwas dazu. Seit zehn Jahren bin ich überdies Verkaufstrainer, und seit einigen Jahren bilde ich obendrein selbst Verkaufstrainer aus. Trotzdem lerne ich bei jedem Training wieder etwas Neues. Das fasziniert mich so an diesem Beruf. Sie finden das nur in ganz besonderen Berufen. Diese ständige Möglichkeit der Weiterentwicklung. Es wird nie langweilig und bringt immer neue Erfolgschancen.

Im vorliegenden Buch finden Sie das Konzentrat meiner bisherigen Praxiserfahrungen und den für den Verkauf (aus meiner bescheidenen Sicht) relevanten Erkenntnissen der Kommunikationswissenschaften und der Psychologie. Das Buch spiegelt auch die Erfahrungen von über 30 000 Verkäuferinnen und Verkäufern, die in den vergangenen zehn Jahren von unserem Institut (VBC) trainiert wurden. Das Training »8 Stufen zum Verkaufserfolg« ist das meistgebuchte Verkaufstraining im deutschsprachigen Raum, und dieses Buch ist sozusagen die Essenz aus dem Training.

Mein Anspruch an mich selbst beim Schreiben dieses Buches ist, Ihnen das erfolgserprobte 8-Stufen-Konzept für Verkauf im Außendienst nicht nur vorzustellen. Nein, ich möchte, dass Sie es wirklich kennen lernen. Und ich werde ihnen genügend Umsetzungsinformationen, Praxistipps und Beispiele geben, damit Sie mit dieser Erfolgsmethode auch in Ihrer Arbeit zu Spitzenergebnissen kommen. Es geht also auch um das »Können«. Das ist der Knackpunkt. Sie werden in dem Buch manches finden, das Ihnen schon bekannt ist. Widerstehen Sie dann dem »Mittelmäßigkeitsreflex«. Der Mittelmäßige denkt sich dann nämlich: »Pah, das kenne ich eh schon, also wieder nix Neues. Hab ich mir eh gedacht.« So kommt man nicht aus der Masse der Mittelmäßigen heraus.

Besser, Sie machen es wie die Profis. Die denken sich: »Moment, das habe ich zwar schon mal gehört, aber verwende ich das schon in meiner beruflichen Praxis? Und wenn nein, wie könnte ich das bei meinen nächsten Verkaufsgesprächen testen? Wie könnte ich das vorher üben und trainieren?« Sie werden unglaubliche Fortschritte machen. Es werden Ihnen Geschäfte gelingen, die Sie sich entweder nicht zugetraut haben oder die Sie schlicht für unmöglich hielten.

Dazu wünsche ich Ihnen viel Freude und Erfolg.

Ihr Heinz Feldmann
feldmann@vbc.at

Schreiben Sie mir Ihre Verkaufs-Erfolgsgeschichten, und ich werde sie entsprechend veröffentlichen.

13

Einleitung

Für wen ist dieses Buch geeignet?

Dieses Buch ist in erster Linie etwas für Menschen, die im Außendienst aktiv Kunden besuchen und sich in ihrer Arbeit ständig weiterentwickeln wollen. Also angestellte Außendienstverkäufer, Key-Account-Manager oder selbstständige Handelsvertreter. In zweiter Linie ist dieses Buch auch für Menschen interessant und hilfreich, die nicht »ausschließlich« in der Verkäuferinnen- oder Verkäuferrolle agieren, sondern nur gelegentlich. Wenn Sie also »offiziell« nicht »Verkäufer« sind, sondern zum Beispiel selbstständiger Gewerbetreibender, Anwältin oder Grafiker. Sie alle gehen ab und zu zum Kunden und »verkaufen« dort ihre Leistung. Immerhin geht es dabei um Auftrag oder Nichtauftrag, um Einkommen oder nicht. Und genau dafür ist das beste Erfolgs-Know-how gerade recht.

Weibliche und männliche Schreibweise

Damit Sie das Buch auch gut und flüssig lesen können, werde ich ab jetzt auf die kombinierte weibliche und männliche Schreibweise verzichten. Mit Verkäufer meine ich auch immer gleichermaßen Verkäuferin, mit Kunde auch Kundin etc.

15

Dank

An der Stelle bedanke ich mich bei allen Menschen, die zur Verwirklichung dieses Buches beigetragen haben. Zuerst meinen Kunden, dann den vielen Trainingsteilnehmern, meinen Trainerkollegen und meinen Geschäftspartnern. Direkt am Buch selbst haben noch mitgeholfen: Eva Maria Aufmesser, Doris Rittberger, Cornelia Feiertag und Gerhard Koralus. Auch Ihnen herzlichen Dank.

Das 8-Stufen-Konzept – ein Überblick

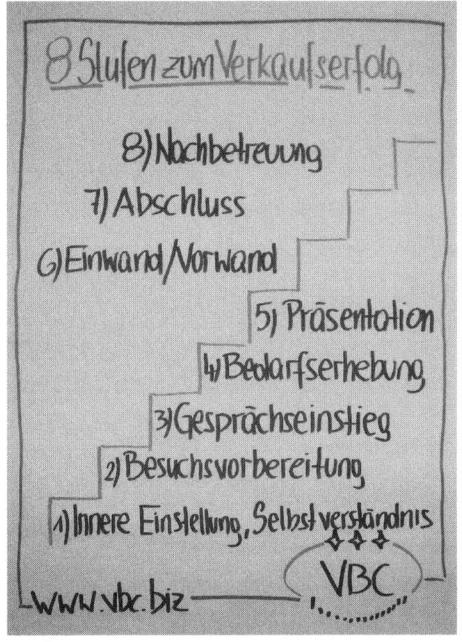

Grafik 1

Das 8-Stufen-Konzept (siehe Grafik 1) von VBC ist eine Metapher (also ein bildlicher Vergleich) für den Verkaufserfolg – für ein Verkaufsgespräch, das in einer strukturierten Form angelegt ist. Natürlich laufen Verkaufsgespräche in der Praxis nicht nach Schema F ab, aber es ist gut, wenn wir Verkäufer wissen, in welcher Phase eines Gesprächs wir uns befinden und wie wir uns in der Phase am besten verhalten. Die Struktur auf der Grafik 1 gilt für alle Verkaufssituationen im Außendienst, nur die Inhalte sind jeweils andere.

1. Einstimmung/Selbstverständnis

Diese erste Stufe unseres Konzepts ist zugleich auch das Fundament für den kompletten Prozess. Ich gehe so weit zu sagen: für die ganze Verkäuferkarriere. Weil es einen fundamentalen Unterschied macht, mit welcher Einstimmung, mit welchem Selbstanspruch Sie zum Kunden gehen. Zuerst ein paar Beispiele von weniger erfolgversprechenden Einstellungen, die wir aber in der Praxis leider sehr oft antreffen:

»Mal sehen, ob da etwas zu holen ist.«

»Den Kunden mach ich noch, und dann ist Schluss für heute.«

»Ich schau nur mal vorbei, ob eh alles in Ordnung ist.«

»So wie der sich am Telefon angehört hat, wird das sicher ein mühsames Gespräch.«

Bevor wir jetzt zu Beispielen für Erfolg versprechende Einstellungen kommen, überlegen wir uns, welche Erwartungen denn die Kunden an uns Verkäufer haben. Dazu möchte ich aus einer Studie zitieren, die Noel Capone in seinem Praxishandbuch »Key Account Management« (siehe Literaturliste) anführt:

In dieser Studie wurden Einkäufer großer Unternehmen befragt, was ihnen an Verkäufern missfällt beziehungsweise was ihnen an guten Verkäufern positiv auffällt. Unten stehend sehen Sie die Ergebnisse, nach Priorität gereiht, und daneben auch die prozentuelle Gewichtung.

Verhaltensweisen, die missfallen

Mangelhafter Anschlussservice	28 %
Schlecht vorbereitete Sitzungen	15 %
Cold Calls (Telefonanrufe von fremden Verkäufern, ohne Vorankündigung)	15 %
Zu aufdringlich/unangenehm	15 %

Unzureichende Produktkenntnisse	11 %
Unaufrichtigkeit	7 %
Mangelnde Kenntnisse der operativen Abläufe im Unternehmen	6 %
Unzureichende Marktkenntnisse	5 %
Geplatzte Termine	5 %

Verhaltensweisen, die Kunden beeindrucken

Sorgfalt, Betreuung	78 %
Bereitschaft, im eigenen Unternehmen für den Kunden zu kämpfen	59 %
Marktkenntnis/Bereitschaft zu Teilen	40 %
Kenntnis der eigenen Produkte	40 %
Vorstellungskraft, die Produkte dem Bedarf anzupassen	29 %
Kenntnis ihrer Produkte	28 %
gut vorbereitete Verkaufstelefonate	20 %
diplomatisches Verhalten gegenüber den operativen Abteilungen	5 %
Regelmäßigkeit der telefonischen Anfragen	9 %
Qualifizierung auf technischem Gebiet	9 %

Sie sehen also, dass die Ansprüche der Kunden sehr hoch sind, aber nicht unerfüllbar. Interessant ist auch, dass bei den Verhaltensweisen, die missfallen, die oberste Priorität der mangelnde Anschlussservice ist. Daran können Sie schon erkennen, wie wichtig die achte Stufe ist, nämlich die Nachbetreuung oder das »After Sales Service«.

Die drei Rollen des Verkäufers

Wir bei VBC haben die unterschiedlichen Anforderungen an Verkäufer in drei unterschiedlichen Rollen zusammengeführt. Das heißt, wir Verkäufer erfüllen idealerweise für unsere Kunden alle drei Rollenerwartungen gleichermaßen gut. Sehen Sie dazu auch Grafik 2.

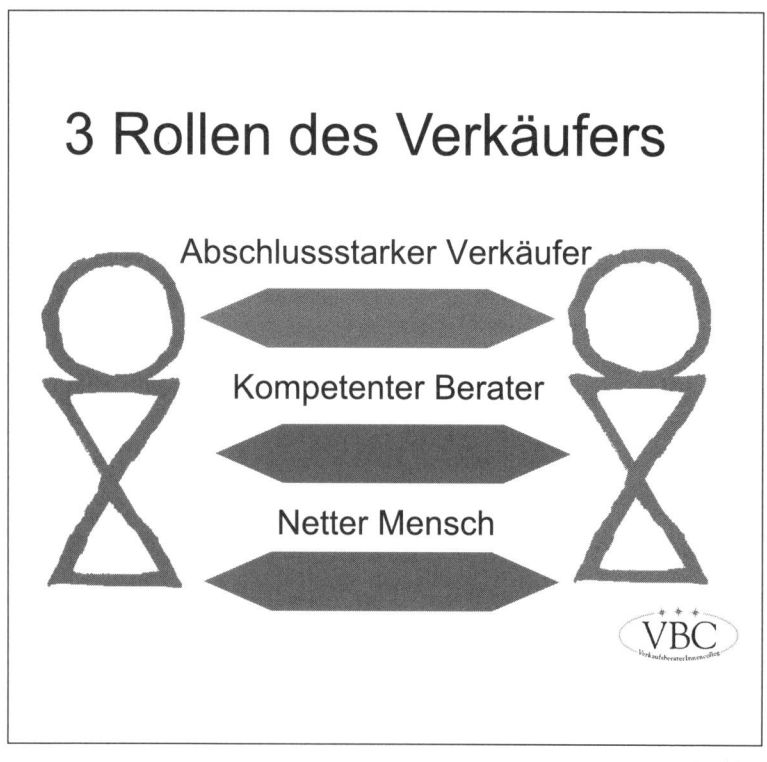

3 Rollen des Verkäufers

Abschlussstarker Verkäufer

Kompetenter Berater

Netter Mensch

VBC

Wir spielen also die Rolle des netten Menschen, des kompetenten Beraters und des abschlussstarken Verkäufers.

Netter Mensch

Beginnen wir mit der Rolle des netten Menschen. Um dieser Rollenerwartung gerecht zu werden, bedarf es einer bestimmten Grundeinstellung sowie verschiedener Fähigkeiten und Kompetenzen. Die Grundeinstellung kann man am leichtesten mit den vier M (Nichts zu verwechseln mit den drei M des amerikanischen Mischkonzerns »Minnesota Mining and Manufacturing Company«) bezeichnen:

Man muss Menschen mögen

20

Diese menschenfreundliche Grundhaltung ist meines Erachtens unerlässlich, um im Verkauf langfristig nicht nur erfolgreich, sondern auch glücklich zu sein. Wenn wir der Meinung sind, dass wir es eh nur mit Gaunern, Lügnern und Halsabschneidern zu tun haben, die uns über den Tisch ziehen wollen, sollten wir uns im Sinne unserer eigenen langfristigen Gesundheit besser einen anderen Job suchen. Mit einer menschenfreundlichen Grundhaltung meine ich keineswegs eine naive Vertrauensseligkeit, sondern eine positive, vertrauensvolle Grundhaltung und einen gewissen Glauben an das Gute im Menschen. Einer meiner Lehrer hat immer gesagt:

»Menschen sind nicht mit böser Absicht so, wie sie sind, sondern sie machen nur das Beste aus ihren Möglichkeiten.«

Neben dieser Grundhaltung gilt es auch zwei Kompetenzbereiche zu entwickeln, nämlich die soziale Kompetenz und die emotionale Intelligenz.

Vereinfacht könnte man sagen, bei der sozialen Kompetenz geht es darum, wie wir mit anderen Menschen umgehen, und bei der emotionalen Intelligenz geht es etwas spezifischer um Emotionen, also um Gefühle. Es geht um die Frage, wie wir mit den eigenen Gefühlen und den Gefühlen anderer umgehen. Können wir es verkraften, wenn wir auf (scheinbare) Ablehnung, auf Desinteresse oder Ignoranz stoßen? Wie steht es um die Gefühle unseres Kunden? Merken wir, wenn der andere sich unsicher oder überfordert fühlt? Sind wir in der Lage, ihm dann ein Gefühl der Sicherheit zu vermitteln?

Bei der Rolle des netten Menschen geht es nicht – wie oft irrtümlich angenommen – darum, sich anderen Menschen anzubiedern und zu »schleimen«, sondern genau um das Gegenteil. Es geht um den Spagat oder Balanceakt, unserer eigenen Persönlichkeit treu zu bleiben und gleichzeitig den anderen Menschen so zu akzeptieren, wie er ist, und ihm oder ihr vorurteilsfrei gegenüberzutreten. Es ist leicht, mit Menschen gut zu können, die aus demselben Kulturkreis kommen wie wir selbst; die vielleicht unserer Generation angehören; möglicherweise sogar in dieselbe Schule mit uns gegangen sind; und ähnliche Sport- und Freizeitinteressen haben. Viel schwieriger ist es, wenn wir mit Menschen arbeiten, die eben nicht aus unserem Kultur-kreis und nicht aus unserer Generation sind. Wenn ich beispielswei-se selbst Vegetarier und überzeugter Tierschützer bin, und mein Kunde ist Jäger. Ich komme zu ihm ins Büro, und dort hängen die Geweihe von den erlegten Hirschen schön demonstrativ an der Wand, und ein Foto von meinem Kunden mit Jagdhund Waldi und seiner Schrotflinte steht im handgeschnitzten Rahmen darunter. Jetzt geht es nicht darum, so zu tun, als würde ich das großartig finden, nach dem Motto: »Das ist ja hochinteressant, darf ich da einmal mit-gehen?« Sondern eben um die eigene Toleranzgrenze, die wir mög-lichst groß definieren. Das heißt in dem Fall beispielsweise, ich sage mir selber: »Ich bin zwar Vegetarier und Tierschützer, verstehe aber, dass es Menschen gibt, die sich um den Wald kümmern und um den Wildbestand. Kranke oder überzählige Tiere werden erschossen, und deren Geweih wird an die Wand gehängt.« Es geht also um Toleranz. Und es geht um ein ehrliches Interesse am anderen Menschen und an seiner Welt. Damit wären wir wieder bei der eingangs erwähnten menschenfreundlichen Grundeinstellung.

Als nette Menschen empfinden wir nämlich solche, die sich ernsthaft und ehrlich für uns und unsere Welt interessieren. Das heißt, ohne zu heucheln und zu schleimen, kann man sich durch aktives Interesse am Anderen und seiner Welt als »netter Mensch« positionieren. Dazu gehört auch, und vor allem, die Fähigkeit des Zuhörens. Sie werden nämlich selten bis nie von jemandem den Ausspruch hören:

»Dieser Kerl geht mir so auf die Nerven, der kann so penetrant gut zuhören.«

Aber viel öfter hören wir den Ausspruch (oder haben ihn selbst schon getätigt):

»Der geht mir auf die Nerven, der redet so viel (von sich und seiner Welt).«

Das heißt, als Profiverkäufer hören wir mehr zu, als dass wir reden. Dazu kommen wir im Detail noch im vierten Kapitel dieses Buches, wo es unter anderem um das aktive Zuhören geht.

Kompetenter Berater

Die zweite von den drei wichtigsten Rollen, die wir als Verkäufer für unsere Kunden einnehmen, ist die des kompetenten Beraters. Irrtümlicherweise glauben viele Menschen, dass das die einzige Rolle ist, die im Verkauf wichtig ist. Das heißt in vielen Köpfen gibt es die Gleichung: Verkäufer = kompetenter Berater. Das ist zwar richtig, aber nicht ausschließlich. Der kompetente Berater ist eben nur eine der drei Rollen. Hierbei geht es um Fachkompetenz. Je nachdem, in welchem Bereich Sie tätig sind, kann das mehr oder weniger anspruchsvoll sein. Bei manchen Verkäufern im Key Account Bereich bedeutet das zum Beispiel, dass jemand einen Universitätsabschluss in einer bestimmten Fachdisziplin benötigt, um überhaupt in seiner Funktion als kompetenter Berater verkaufen zu können. In diesem Buch möchte ich darüber nicht zu viel diskutieren, weil es eben vom Geschäftszweig abhängig ist, was die Kompetenz eines Beraters ausmacht. Die folgenden grundlegenden Gedanken gelten jedoch branchenübergreifend in jedem Fall.

Kenntnis der eigenen Produkte/Dienstleistungen

Dieser Punkt mutet selbstverständlich an, und man glaubt, darüber eigentlich keine Worte verlieren zu müssen. In der Praxis gibt es aber immer wieder Verkäufer, die zu wenig über ihre Produkte und ihre Dienstleistungen wissen. Manche Verkäufer sind auch der Meinung, dass das Fachwissen eine Bringschuld des Unternehmens ist. Ich bin der Meinung: Fachwissen ist mindestens im selben Ausmaß auch eine Holschuld von uns Verkäufern. Das heißt, wenn wir bestimmte Informationen nicht bekommen, ist es unsere Aufgabe, uns darum zu kümmern. Das kann zum Beispiel bedeuten, dass wir unserem Vorgesetzten oder einem Fachspezialisten so lange lästig fallen, bis wir die benötigten Angaben erhalten. In unserer modernen Wirtschaft hat unser Fachwissen eine immer kürzere Halbwertszeit. Daraus resultiert, dass wir uns ständig fachlich fit halten müssen.

In meinem »früheren Berufsleben« war ich lange in der Medizintechnikbranche. Da war es üblich (ist es wahrscheinlich heute noch), die eigenen Produkte im Rahmen von medizinischen Kongressen zu präsentieren. Meistens war in dem jeweiligen Kongresszentrum eine separate »Industrieausstellung« eingerichtet. Eine Art kleine oder auch größere »Messe«, bei der die Medizintechnik- und Pharmaunternehmen sich auf eigens dafür eingerichteten Messeständen präsentierten. Während der Vortragspausen schlenderten die Ärzte und Ärztinnen dann durch den Ausstellungsbereich, und wir Verkäufer konnten mit ihnen fachsimpeln und ihnen unsere neuen Produkte zeigen. Während der Vorträge war auf den Messeständen wenig bis nichts los. Diese Gelegenheit konnten wir Verkäufer dazu nutzen, uns selbst in die Vortragssäle zu setzen und damit das neueste medizinische Wissen gleich aus erster Hand zu konsumieren. Gemessen an der Zahl der Verkäufer auf den Messeständen war die Anzahl derjenigen, die sich auch in die Vorträge setzten, erstaunlich gering.

Profiverkäufer lesen auch regelmäßig mindestens zwei bis drei Fachzeitschriften ihres Genres und halten sich beispielsweise via Internet up to date. Die Fachkompetenz endet aber nicht damit, seine eigenen Produkte und Leistungen zu kennen, sondern geht noch weit darüber hinaus. Echte Spitzenverkäufer kennen ihre zwei bis drei wichtigsten Mitbewerber mindestens genauso gut, wie deren Verkäufer das tun. Das heißt, als Spitzenverkäufer kennen Sie die Homepage Ihrer Hauptkonkurrenten in- und auswendig. Sie besorgen sich Prospekte und Informationsmaterial und lassen sich von Ihren eigenen Fankunden die Hauptargumente erklären, mit welchen Ihre Mitbewerber gegen Ihre Produkte/Lösungen argumentieren. Nur wenn man weiß, gegen wen man kämpft, kann man sich gut darauf einstellen. Bei manchen Firmen und Verkaufsteams teilen die einzelnen Teammitglieder sich die Beobachtungsaufgaben für Ihre Hauptmitbewerber auf, sodass richtige Stärken-Schwächen-Profile pro Hauptkonkurrenten erstellt werden können.

Last, but not least gehört zu einem kompetenten Berater auch ein detailliertes »Kunden-Know-how«. Damit meine ich ein über das Allgemeinwissen hinausgehendes Detailwissen über Struktur, Organisation und Abläufe beim Kunden. Profiverkäufer wissen, wie deren Kunden ihre Produkte und Leistungen einsetzen und was diese beim Kunden und dessen Organisation bewirken. Das wiederum setzt ein starkes Interesse für unsere Kunden und deren Problemstellungen voraus.

Abschlussstarker Verkäufer

Die dritte Rolle ist die des abschlussstarken Verkäufers. Damit meine ich Verkaufskompetenz. Verkaufskompetenz heißt, dass wir in der Lage sind, ein Verkaufsgespräch vorzubereiten, strukturiert zu führen, dem Kunden seinen Vorteil in der richtigen Weise zu präsentieren, mit den Einwänden und Vorbehalten professionell umzugehen, gemeinsam mit dem Kunden aktiv eine Entscheidung herbeizuführen und danach dafür zu sorgen, dass die Entscheidung professionell umgesetzt und ausgeführt wird. Verkaufskompetent ist also jemand, der die 8 Stufen des vorliegenden Buchs souverän beherrscht und auch in schwierigen Situationen in der Lage ist, ein Verkaufsgespräch professionell von einer Stufe zur nächsten zu bringen.

Ausgewogenheit der Rollen

Nachdem wir uns jetzt die drei verschiedenen Rollen angesehen haben (netter Mensch, kompetenter Berater, abschlussstarker Verkäufer), ist es wichtig zu wissen, dass wir dann nachhaltig erfolgreich sind, wenn es uns gelingt, die drei Rollen in ausgeglichener Form, also gleichmäßig, zu entwickeln. Ein weit verbreiteter Trugschluss lautet nämlich, dass es reicht, entweder netter Mensch oder kompetenter Berater oder abschlussstarker Verkäufer zu sein. Das reicht maximal, um mittelmäßige Ergebnisse zu erzielen. Wer langfristig überdurchschnittlich erfolgreich und als Verkäufer auch zufrieden sein will, entwickelt die drei Rollen in etwa gleich stark. Vergleichbar wie die drei Beine eines dreieckigen Tischs, wenn eines der Beine zu kurz ist, kann auf dem Tisch nichts stehen bleiben (kein überdurchschnittlicher Verkaufserfolg stattfinden). Jemand der beispielsweise immer nur netter Mensch ist und die anderen beiden Rollen (kompetenter Berater, abschlussstarker Verkäufer) unterentwickelt belässt, wird zwar sehr viele Kunden haben, die gerne mit ihm plaudern, ihn bewirten und ihm ihre persönlichen Sorgen bis hin zu Beziehungsproblemen erzählen. Wenn die Kunden dann aber beim Mitbewerber kaufen, hört sich der Spaß auf. Andererseits ist es ebenso unzulänglich, ausschließlich kompetenter Berater zu sein. Dann passiert nämlich das, was ich Beratungsdiebstahl nenne. Kunden, und vielleicht sogar Kollegen aus der eigenen Firma, rufen uns wegen allen möglichen fachspezifischen Detailproblemchen an und loben ständig unsere Fachkompetenz. Aber auch hier gilt: Wenn die Kunden beim Mitbewerber kaufen, haben wir etwas falsch gemacht. Und diejenigen, die ausschließlich abschlussstarke Verkäufer sind und für den Kunden als Mensch wenig bis kein Interesse haben und auch fachlich schwach sind, werden maximal einmal einen Abschluss pro Kunden machen. Spätestens nach dem ersten Geschäft werden diese Kunden merken, dass die fachliche Umsetzung mangelhaft ist und der Verkäufer sich nicht mehr um sie kümmert. Es gilt also, alle drei Rollen gleichmäßig stark zu entwickeln. Naturgemäß behandelt dieses Buch hauptsächlich die dritte Rolle, nämlich die der Verkaufskompetenz, und streift ein wenig die erste Rolle, die Sozialkompetenz. Meist wissen wir alle selbst am besten, wo es bei uns am ehesten hapert. Wenn Sie sich nicht ganz sicher sind, fragen Sie Ihren Vorgesetzten, einen vertrauenswürdigen Kollegen oder einen Fankunden. Im Zweifel können Sie auch alle drei befragen und bekommen so ein gutes Fremdbild, um es mit Ihrem »Selbstbild« zu vergleichen.

Image im Verkauf

Ein privater Bekannter und Trainerkollege aus den USA hat den sinngemäß übersetzten Ausspruch getan:

> **Es ist nichts verkehrt am Beruf des Verkäufers!**
> **Aber es ist einiges verkehrt daran, wie manche Menschen diesen Beruf ausüben.**
> Roy Chitwood

Vielleicht ist es Ihnen schon aufgefallen, oder vielleicht leiden Sie selbst ein wenig darunter, dass die Tätigkeit des Verkaufens in weiten Teilen der Bevölkerung und auch der Wirtschaft kein besonders gutes

Image hat. In meinem letzten Buch (»Preisverhandlungen leicht gemacht«) habe ich bereits berichtet, wie entsetzt mein Vater war, als ich ihm im zarten Alter von 15 Jahren eröffnete, dass ich Verkäufer werden will. Aus der detaillierten Problembeschreibung des genannten Buchs möchte ich nur folgende drei Absätze kurz zitieren:

In unserer mitteleuropäischen Kultur haben Verkäufer und »das Verkaufen« oft ein mittelmäßiges bis schlechtes Image. Dabei ähneln die Hintergründe oft jenen, die auch mein Vater vor zirka 30 Jahren hatte. Handwerk wird als »richtige« und ehrbare Arbeit gesehen. Verkäufern und Händlern werden dagegen häufig unredliche Absichten und betrügerische Praktiken unterstellt. Das hat in der Vergangenheit unter anderem so weit geführt, dass unbeliebten Bevölkerungsgruppen (zum Beispiel den Juden) der Zugang zu Handwerksberufen verwehrt wurde. Handeln und Geld verleihen durften sie. Mit der Ausgrenzung und Stigmatisierung solcher Gruppen wurden gleichzeitig die Berufsbilder verunglimpft.

Wir leben zwar heute in einer aufgeklärten und modernen Gesellschaft, aber das Mittelalter und die teilweise damit verbundenen Klischees werfen ihre Schatten bis in die Gegenwart. Nun kommt noch dazu, dass es in der Tat im Verkauf auch heute (und höchstwahrscheinlich leider auch morgen) echte schwarze Schafe gibt. Menschen, die mit diebischen Absichten und mit Wegelagerermentalität auf Kundenfang gehen, um diese über den Tisch zu ziehen. Man denke nur an die »Bauernfängereien« mit den diversen »Werbeverkaufsfahrten« etc. Glücklicherweise repräsentieren diese schwarzen Schafe nur einen ganz geringen Prozentsatz. Dann gibt es (leider) noch einen erheblichen Anteil an Verkäufern, die ihren Job nicht gut genug machen. Entweder verstehen sie zu wenig von ihrem Produkt oder von ihren Dienstleistungen, haben zu wenig Kunden- und/oder Problemlösungsorientierung oder verstehen zu wenig vom Verkaufsvorgang als solchem. Hier geht es nicht um Menschen mit schlechten Absichten, sondern nur um mangelndes Wissen und Können. Das alles heißt aber nicht, dass das Verkaufen an sich eine minderwertige Beschäftigung ist. Ganz im Gegenteil. Verkaufen ist eine der wichtigsten Tätigkeiten in einer funktionierenden Marktwirtschaft, egal, wie frei oder sozial sie sein mag.

27

Schwarze Schafe gibt es auch in allen anderen Berufsgruppen. Es gibt Rechtsanwälte, die das Geld ihrer Klienten veruntreuen und sich in noblen Steueroasen damit Villen kaufen; es gibt Ärzte, die geklaute Organe (von irgendeinem armen Unterprivilegierten aus der Dritten Welt herausgeschnitten) für teures Geld heimlich implantieren; und es gibt Priester, die Kinder sexuell missbrauchen. Das alles heißt nicht, dass diese Berufsgruppen schlecht sind, das heißt nur, dass es schwarze Schafe gibt. So wie eben auch im Verkauf.

Was bedeutet Verkaufen?

Lassen Sie mich auch hier die vier Definitionen aus Preisverhandlungen leicht gemacht kurz wiederholen:

Eine Beschreibung, die mir persönlich recht gut gefällt:

> **Verkaufen ist ein kreativer Akt zwischen mindestens zwei Menschen, bei dem am Ende für beide ein Mehrwert entsteht.**

Etwas nüchterner könnte man auch sagen:

> **Verkäufer ist der Mittler zwischen Anbieter (Lieferant) und Nachfrager (Kunde). Er hat sich mit beiden ausgiebig beschäftigt, kennt sich aus und hilft proaktiv dem Kunden, eine Kaufentscheidung zu fällen. Ziel ist es, eine Win-win-Situation herbeizuführen.**

Win-win-Situation heißt, dass für beide Parteien ein Mehrwert und Nutzen resultieren (der Lieferant bekommt eine faire Gegenleistung = Geld, und der Kunde generiert einen Nutzen = Produktnutzen oder Dienstleistungsnutzen).

Etwas poetischer formuliert:

> **Verkäufer sind das Schmiermittel im Getriebe einer funktionierenden Marktwirtschaft.**

Eine Marktwirtschaft (sei sie nun frei oder sozial gelenkt) benötigt diese Vermittler (Verkäufer), damit das System funktionieren kann. Andere Wirtschaftssysteme in unseren östlichen Nachbarländern haben versucht, ohne Verkäufer auszukommen. Nach 40 bis 50 Jahren sind sie alle Pleite gegangen.

Das heißt auch:

Verkaufen ist eine kreative, herausfordernde, abwechslungsreiche Arbeit, die hohe Ansprüche und ständige Weiterbildung in unterschiedlichen Bereichen fordert.

Verkaufsethik

Es gibt also schwarze Schafe, in jedem Berufsstand, und daher ist es auch im Verkauf wichtig, dass wir uns eine persönliche Berufsethik zurechtlegen. Dabei stellt sich uns die Frage, welchen Werten und Richtlinien wir unsere Arbeit unterordnen. Idealerweise sind das selbst gewählte Werte. Natürlich macht das nur Sinn, wenn Sie in einer Firma oder einem Umfeld arbeiten, in dem die Firmenkultur diesen eigenen Werten nicht zuwiderläuft. Was ich Ihnen hier vorstelle, ist nur eine Anregung, und jeder muss sich seine Werte selbst definieren. Folgende drei Punkte halte ich persönlich für eine gute Basis:

1. Ich bin okay, du bist okay

Frei nach dem Titel des Buches von Thomas A. Harris (siehe Literaturliste), einem der Begründer der Transaktionsanalyse (eine von vielen psychotherapeutischen Richtungen), geht es bei diesem Motto darum, sich selbst und seinem Kunden dieselbe Wertschätzung zukommen zu lassen. Mit dem ersten Teil des Satzes (Ich bin okay) ist gemeint, dass ich mit mir selbst im Reinen bin, mich selbst mag und akzeptiere. Ohne deshalb unkritisch und blind gegenüber den eigenen Fehlern und Schwächen zu sein, bin ich mit mir selbst dennoch grundsätzlich zufrieden und mir wohl gesonnen. Beim zweiten Teil

(Du bist okay) ist gemeint, dass wir den Kunden als gleichwertigen Gesprächspartner akzeptieren und respektieren.

2. Ehrliches Interesse dafür, was der Kunde wirklich braucht

Profiverkäufer wenden sich zuerst den Wünschen und Bedürfnissen ihres Kunden zu. Erst dann und in zweiter Linie wird überlegt, wie sie daraus einen Nutzen generieren können, den sie mit ihren Produkten und Dienstleistungen abdecken können. Es geht also um die Gretchenfrage und ein ehrliches Interesse dafür:»Was braucht mein Kunde wirklich?«

3. Wenn der Kunde vom Kauf nicht profitiert – Hände weg vom Geschäft

Für manche von uns klingt das besonders hart. Andere benutzen es vielleicht als Ausrede für eine schlechte Bedarfserhebung oder eine schlechte Präsentation. Mit»nicht profitieren« meine ich jene Situation, in die jeder von uns mehrfach in einem Verkäuferleben kommt. Wenn der Kunde schon besonderes Vertrauen in uns zeigt, kann und wird es vorkommen, dass der Kunde zu Ihnen sagt:»Sie kennen sich besser aus als ich, was würden Sie empfehlen?« Und jetzt ist es besonders wichtig, diese Situation eben nicht auszunutzen für eine Empfehlung, die das Kundenproblem nicht löst, sondern höchstens das eigene Provisions- oder Überlagerproblem. Das soll heißen, natürlich kann man in einem solchen Fall mit der Empfehlung eines Produkts ein schnelles Geschäft machen, das für den Kunden nicht optimal geeignet ist, das aber die eigene Umsatzprovision oder Ähnliches verbessert. Langfristig gesehen ist das aber nachteilig, nicht nur für den Kunden, sondern auch für den Verkäufer. Einer meiner Lehrer hat einmal gesagt:»Leute sind nicht dumm.« Das heißt, früher oder später kommt der Kunde darauf, dass sein Vertrauen missbraucht wurde. Dann ist er mit Recht sauer und wird das auch weitererzählen. Im Gegenteil dazu wird es vom Kunden ganz besonders honoriert, wenn er merkt, dass wir auf ein schnelles Geschäft verzichten, um ihm das Richtige zu empfehlen. Das werden dann tolle Stamm-kunden, die uns idealerweise auch noch weitere Kunden bringen.

Aber Achtung: Wichtig ist auch hier, die Sicht des Kunden einzuneh-men und nicht die des Verkäufers. Der junge und sehr trendige Sport-artikelverkäufer, der selbst niemals mit einem »Vorjahresmodell« auf der Skipiste gesehen werden möchte, hat vielleicht Skrupel, seinem Kunden ein Auslaufmodell zu empfehlen. Aber nur weil ER selbst so eines nicht möchte. Dem Kunden, der den genannten Sportartikel mehrere Jahre zu verwenden gedenkt, ist das vielleicht egal und er freut sich sogar über den etwas günstigeren Vorjahrespreis. Es geht also dabei in jedem Fall um die Kundenperspektive.

Die genannten drei Punkte zur verkäuferischen Ethik sind, wie schon festgehalten, lediglich ein Vorschlag. Idealerweise formulieren Sie Ihre eigene verkäuferische Ethik selbst und verschriftlichen diese auch.

2. Besuchsvorbereitung

Was für die meisten Lebensbereiche gilt, das gilt auch und ganz besonders für den Verkauf:

Über 50 Prozent des Verkaufserfolgs wird mit professioneller Vorbereitung erreicht.

Faule Ausreden

Obwohl wir Verkäufer das wissen, wird in der Praxis sehr oft dagegen verstoßen. Dafür werden verschiedene Begründungen genannt. Die vier häufigsten sehen Sie auf Grafik 3.

Ich bereite mich nicht vor, weil ich mein Geschäft kenne

Speziell von Verkäufern, die selbst schon länger im Beruf sind, höre ich diese Ausrede sehr oft. Immerhin haben sie schon sehr viel Erfahrung, kennen ihre Stammkunden in- und auswendig und haben auch schon allerlei Kundeneinwände gehört. So ein Erfahrungsschatz ist in der Tat Gold wert, nur kann dieser »Schatz« nur dann gehoben werden, wenn wir die Erfahrung auch nutzen und in die Vorbereitung einfließen lassen. Nur weil wir ein Kundenargument schon so und so oft gehört haben, bedeutet das noch lange nicht, dass wir schon über die beste Möglichkeit verfügen, damit umzugehen. Lassen Sie mich hier ein Zitat des britischen Schriftstellers Aldous Huxley zitieren:

»Erfahrung ist nicht, was einem geschieht, sondern was man daraus macht.«

Dieses Zitat verwende ich übrigens als Motto für meine gesamte Trainertätigkeit. Frei interpretiert könnte man auch sagen:

»Alt werden alleine ist noch keine Leistung.«

Oder etwas nobler formuliert:

»Nicht das, was uns geschieht, macht uns bereits weise, sondern die Schlüsse und Umsetzungsschritte, die wir daraus generieren.«

Nach Huxley beinhaltet Erfahrung also eine aktive Tätigkeit und ist nicht etwas, was uns einfach so, quasi von selbst, passiert. Wenn wir uns diese aktive Einstellung aneignen, werden wir nicht nur erfolgreicher sein als der Durchschnitt, sondern auch noch nach Tausenden Kundengesprächen immer wieder etwas dazulernen. Abschließend könnte man sagen: Je mehr Verkaufsgespräche wir bereits geführt haben, desto weniger Zeit müssen wir möglicherweise in die Vorbereitung investieren. Jedoch ohne Vorbereitung geht ein Profi nicht zum Kunden!

Ich bereite mich nicht vor, weil ich dazu keine Zeit habe

In unserem modernen Arbeitsleben ist das wohl die meistverwendete Aussage. Und ich verwende ganz bewusst hier nicht sofort den Begriff »Ausrede«, weil die meisten Menschen, die diese Aussage tätigen, tatsächlich davon überzeugt sind, keine Zeit zu haben. Andererseits darf man sich dann die Frage stellen, wieso es Menschen gibt, die sich sehr wohl Zeit für die Vorbereitung nehmen. Hat deren Tag etwa mehr als 24 Stunden? Natürlich nicht. Zeit ist sogar eines der demokratischsten »Güter«, das wir kennen. Egal ob Multimilliardär mit eigenem Golfplatz auf seiner Jacht oder Bettler unter der Brücke, welcher die Jacht vorbeiziehen sieht. Für beide hat der Tag exakt gleich viele Stunden, Minuten und Sekunden. Das heißt, es gibt keinen längeren Tag für kein Geld dieser Welt. Ich behaupte daher, dass das Problem nicht die Zeit, sondern vielmehr die Einstellung ist. Wenn ich also in der Früh nach dem Frühstück meine Tagesplanung mache und feststelle: »Hoppla, das, was ich heute alles erledigen soll, geht sich niemals aus«, dann gibt es dazu unter anderem zwei mögliche Grundeinstellungen (siehe Grafik 4).

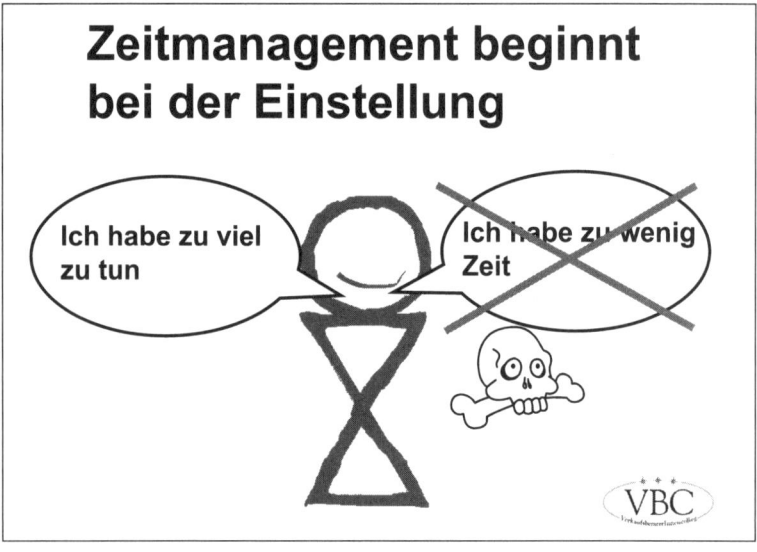

Grafik 4

34

Die Aussage »Ich habe zu wenig Zeit« auf der rechten Seite ist, wie vorher schon angedeutet, deshalb fatal, weil sie uns keinen Ausweg lässt. Wir bekommen ja keine Zeitverlängerung, und im übertragenen Sinne sind wir dann wie jemand, der das Steuer seines Lebensschiffchens aus der Hand gibt, die Hände in die Hosentaschen steckt, die Schultern hochzieht und sagt: »Ich bin der, über den irgendwelche Mächte verfügt haben: Der wird in seinem Leben zu wenig Zeit haben! Was soll ich denn schon dagegen tun? Ich bin machtlos!«

Die Aussage »Ich habe zu viel zu tun« auf der linken Seite der Grafik ist hingegen viel besser. Sie bringt zwar einerseits klar zum Ausdruck, dass sich die vielen Aufgaben des heutigen Tages nicht ausgehen, aber Sie lassen sich gleichzeitig alle Möglichkeiten offen:

Muss ich das tun?
Muss das alles ich tun?
Wer kann das sonst tun?
Wann könnte wer das sonst tun?

Durch all diese Fragestellungen gibt es Wege aus dem Dilemma. Für unser Thema der Besuchsvorbereitung möchte ich noch ergänzen, dass schlampige, unzureichende oder komplett fehlende Vorbereitung nicht nur zu weniger Verkaufserfolg führt, sondern uns meistens im Nachhinein noch mehr Zeit kostet, weil wir irgendwelche Sachen vergessen haben und jetzt doppelt arbeiten müssen. Wir müssen also entweder ein zweites Mal zum Kunden oder aufwendig Sachen nachrecherchieren usw. Dennoch kommen wir nicht daran vorbei, und ich will es auch nicht leugnen: Für die Vorbereitung investieren Sie Zeit. Die Erfahrung zeigt aber, dass sich diese Investitionen in den meisten Fällen mehr als rechnen.

Ich bereite mich nicht vor, weil alle Kunden irgendwie gleich sind

Auch dieser Ausrede begegne ich relativ häufig. Das sind dann auch meist Kollegen, die mehr oder weniger alle Kunden nach demselben Schema behandeln und sich wundern, dass sie nur bei einer bestimmten Gruppe von Kunden Erfolg haben und bei vielen anderen nicht. Durch eine gute Vorbereitung, die sich eben auch auf die Person des Kunden bezieht, können Sie sich einen Vorteil gegenüber vielen Mitbewerbern sichern.

Ich bereite mich nicht vor, weil es meistens anders kommt, als man denkt

Oder anders gesagt, durch die Vorbereitung werde ich viel zu unflexibel und kann dann nicht mehr spontan auf die besonderen Gegebenheiten beim Kunden reagieren. Diese Aussage fällt auch bei fast allen Verkaufstrainings, wenn wir in einer Übung die Vor- und Nachteile der Besuchsvorbereitung herausarbeiten. Wobei ich den »Nachteil« der Inflexibilität durch Besuchsvorbereitung nicht gelten lasse. Ich behaupte, Flexibilität ist eine Kompetenz oder vielleicht sogar ein Persönlichkeitsmerkmal, das aber nicht direkt mit der Besuchsvorbereitung zusammenhängt. Sie können sich sehr wohl detailliert auf eine bestimmte Situation vorbereiten. Wenn Sie dann im Kundengespräch auf unvorhersehbare Wünsche und Anliegen Ihres Kunden stoßen, gehen Sie – sofern Sie flexibel sind – entsprechend darauf ein. Der einzige Nachteil, den ich hier gelten lasse, ist die »Zeitinvestition«, die wir einfach tätigen müssen, um gut vorbereitet zum Kunden zu gehen. Anders ausgedrückt ist das der Eintrittspreis, den Sie zahlen, um ein professionelles Verkaufsgespräch zu führen.

Schlechte Vorbereitung als Geldverschwendung

Wissen Sie, was es durchschnittlich kostet, wenn Sie einmal zum Kunden fahren? Falls ja, können Sie dieses Unterkapitel überspringen, falls nein, lade ich Sie gerne zu einem kurzen Rechenexperiment ein. In Tabelle 1 können Sie Ihre Zahlen (Jahresbruttogehalt und sonstige Kosten) eingeben und kommen mit wenigen Rechenschritten zu den durchschnittlichen Kosten eines Kundenbesuchs. Falls Sie selbst Führungskraft sind und Verkäufer führen, stellen Sie bitte sicher, dass auch diese wissen, was es kostet, wenn sie zum Kunden fahren.

Jahresbruttogehalt (oder Unternehmerlohn bei Selbstständigen)	
Gehaltsnebenkosten jährlich (Arbeitgeberbeiträge, Lohnsteuer oder Einkommensteuer und Sozialversicherung bei Selbstständigen)	
Aufwendungen für Firmenpension oder sonstige freiwillige Sozialleistungen	
Kosten für den Dienstwagen jährlich	
Reisespesen jährlich	
Kosten für sonstige Ausstattung (Mobiltelefon, Laptop, Home-Office etc.)	
Aufwendungen für Schulung und Weiterbildung jährlich	
= Gesamtkosten Verkäufer jährlich	
Jetzt dividieren Sie die Zahl durch die Anzahl der jährlichen Außendienstbesuche	
= Kosten pro Kundenbesuch	

Tabelle 1

Wenn Sie diese Kalkulation mit Ihren eigenen Werten machen, haben Sie Ihr eigenes Ergebnis. Diese Kalkulation mache ich auch mit Trainingsteilnehmern. Dabei kommen wir auf Zahlen zwischen 100 und 300 Euro. Das hängt von der Kundenstruktur und der Anzahl der Besuche ab. In der Praxis bedeutet das eine Investition von 100 bis 300 Euro, die Sie jedes Mal tätigen, wenn Sie Ihrem Kunden die Hand zur Begrüßung drücken. Wenn wir also eine solche Investition tätigen, dann wollen wir auch wissen, was wir dafür bekommen. Was soll der »Return on Investment« (ROI) dafür sein? Und weil wahrscheinlich keiner von uns 100, 200 oder 300 Euro mehrfach am Tag zum Fenster hinauswerfen will, ist es völlig legitim, sich zu fragen: »Was will ich hier erreichen?«

Zeit sparen mit Checklisten

Die Dauer der Besuchsvorbereitung hängt völlig davon ab, welches Gespräch Sie mit welchem Kunden führen. Im Minimum dauert die Vorbereitung nur eine halbe Minute, in der Sie beispielsweise kurz vor dem Gespräch noch einmal Ihre Checkliste durchgehen und sich ein paar Notizen machen. Maximal kann die Vorbereitung mehrere Stunden dauern. Angenommen, Sie versuchen seit Jahren bei einem

37

großen Kunden Ihr Lösungskonzept zu präsentieren und haben jetzt endlich die Chance dazu bekommen. Vor dem kompletten Aufsichts- rats- und Vorstandsteam Ihres potenziellen Kunden dürfen Sie Ihren Vorschlag präsentieren. Sie haben dazu nur 15 Minuten Zeit. In so einem Fall kann es sein, dass Sie – wie gesagt – mehrere Stunden in die Präsentation und die Vorbereitung investieren. Egal ob eine halbe Minute oder einen halben Tag – wichtig ist, dass ein Profi nicht ohne Vorbereitung zum Kunden geht. Profis verwenden auch Checklisten dafür. Piloten würden niemals auf die Idee kommen, ohne Check- liste zu fliegen, und Profiverkäufer nehmen ebenfalls Checklisten für die Vorbereitung zur Hand. Eine sehr ausführliche Variante finden Sie hier oder in digitaler Form als Gratis-Download auf der VBC-Home- page www.vbc.biz.

Checkliste Besuchsvorbereitung

1. **Wer ist mein Kunde/meine Kundin? (Persönliches)**
2. **Infos über das Unternehmen (die Institution) des Kunden**
3. **Historie**
4. **Aktuelles Projekt**
5. **Lust auf Erfolg (Abenteuer)**

Gehen wir kurz auf die einzelnen Punkte ein.

1. Wer ist mein Kunde/meine Kundin? (Persönliches)

a) Was weiß ich über den/die Menschen?

Das ist insbesondere dann wichtig und nützlich, wenn Sie schon bei diesem Kunden waren. Spätestens hier bewährt es sich, nach jedem Kundenbesuch Aufzeichnungen dazu in Ihrer Kundendatenbank oder in Ihrem CRM (Customer Relationship Management – Software/elek- tronische Kundendatenbank) zu machen. Aber selbst, wenn wir zum ersten Mal jemanden treffen, können wir oft im Vorfeld Informationen über diesen Menschen einholen. Wie geht das? Sehr oft kann man mittels einer Internetrecherche anhand des Namens unseres Gesprächspartners auf alle möglichen Informationen aus dem Berufs-

und Privatleben stoßen. Plötzlich taucht der Name des Kunden in der Suchmaschine beim Bericht über ein Amateur-Handballturnier auf. Dann wissen Sie schon etwas über die Hobbys Ihres Gesprächpartners, noch bevor Sie ihn gesehen haben. Wenn Sie oder ein Arbeitskollege im Unternehmen des Kunden (sofern es sich um einen institutionellen Kunden handelt) schon andere Kontakte haben, so können Sie eventuell über diese Ansprechpartner Informationen einholen.

b) Welche Nutzenerwartung hat der/die Gesprächspartner/-in?

Entweder wissen wir es schon von einem Vorgespräch, oder wir überlegen uns kurz, welche Nutzenerwartungen dieser Mensch aufgrund seiner Position oder Situation denn haben könnte. Der technische Leiter hat zum selben Thema eine andere Anforderung als beispielsweise die Einkaufsleiterin oder der Geschäftsführer.

2. Infos über das Unternehmen (die Institution) des Kunden

a) Wichtige Produkte/Lösungen

All diese Punkte treffen hauptsächlich dann zu, wenn Sie im »B2B«-(Business to Business-)Bereich tätig sind, wenn Sie also an Firmenkunden oder Institutionen verkaufen. Auch da kann man generell schon sehr viel über das Internet recherchieren, weil heute schon fast jeder kleine Tischler, Schreiner oder selbstständige Physiotherapeut eine eigene Homepage betreibt. Bei großen börsennotierten Unternehmen ist es sogar Pflicht, dass die ihre detaillierten Geschäftsberichte veröffentlichen, was sie meistens auch über das Internet tun. So können Sie also erfahren, welche wichtigen Produkte oder Lösungen Ihr Kunde anbietet.

b) Wichtige Kundeskunden

Wer sind denn die Hauptkunden Ihres Kunden? Das kann eine interessante Information sein, auch in Bezug auf mögliche Synergien, die Sie ihm durch Ihre Kontakte bieten können.

c) Preisniveau

Wenn wir wissen, mit welchem Preisniveau unser Kunde in seinen Märkten tätig ist, können wir uns mit unserem Angebot besser darauf einstellen.

d) Kostenstruktur, Ertragslage

Informationen darüber ermöglichen es uns, unser Angebot noch besser abzustimmen.

e) Image in der Branche

Wenn Ihr Kunde als hochpreisiger Qualitätsführer in seiner Branche bekannt ist, wird das Auswirkungen auf die Qualität und die Preise haben, die Sie anbieten.

f) Fürsprecher

Mit Fürsprecher meine ich sämtliches Verkaufsmaterial, das Sie verwenden können, um Ihre Aussagen beim Kunden zu untermauern. Näheres dazu erfahren Sie auch im fünften Kapitel »Präsentation«.

g) Abnahmepotenzial

Es macht einen professionellen Eindruck auf Ihren Kunden, wenn Sie seine möglichen Abnahmedimensionen schon ganz gut einschätzen können. So werden wir Verkäufer viel eher als gleichwertige Gesprächspartner vom Kunden akzeptiert.

3. Historie

a) Jetziger Lieferant/jetzige Konditionen

Wenn der potenzielle Kunde noch beim Mitbewerb kauft, ist es gut zu wissen, bei wem. Kauft der Kunde bei uns, ist es selbstredend wichtig zu wissen, welche Preise und Konditionen er hat.

b) Bedarf/Abnahmemengen?

Hier gilt dasselbe wie für Punkt 2 g) »Abnahmepotenzial«, wobei wir hier annehmen, dass der Kunde bereits kauft und wir die Mengen genau eruieren können.

4. Aktuelles Projekt

Falls es sich beim vorzubereitenden Gespräch bereits um ein konkretes Projekt handelt.

a) Welche Unterlagen

Welche Broschüren, Angebote etc. nehme ich mit? Wenn wir mehr als einen Gesprächspartner beim Kunden erwarten, gilt die Faustregel: Anzahl der Teilnehmer plus zwei. Das heißt, nehmen Sie die Unterlagen immer zweifach in Reserve mit. Es ist schade, wenn zum Beispiel der Geschäftsführer unvorhergesehen zu dem Gespräch dazukommt und Interesse zeigt, wir ihm aber leider keine Unterlagen geben können. Dieser wird zwar sagen:»Nein, nein, ich brauche das nicht, ich kann ja bei meinen Mitarbeitern nachsehen.« Jedoch bleibt emotional ein kleiner Makel. Sein Unterbewusstsein merkt sich, dass er nichts bekommen hat und die anderen schon. So lächerlich das klingen mag, aber das kann erwiesenermaßen zu negativen Emotionen führen, und – wie ich später noch ausführen werde – die Kaufentscheidungen fallen zum Großteil unterbewusst im emotionalen Bereich.

b) Kalkulationen

Falls Sie in dem Projekt schon sehr fortgeschritten sind und Kalkulationen mitbringen können, tun Sie das natürlich. Oder aber Sie legen sich vorher einige Rechnungen zurecht, um dann mit dem Kunden gemeinsam mit Stift und Papier souverän ein paar Vorschläge durchzurechnen – so, als würden Sie das jetzt gerade erst erfinden.

c) Preis-/Wertargumente (WWW-Schleife)

Hier geht es darum, uns bereits im Vorfeld zu überlegen, welche Argumente wir bringen, um beim Kunden ein entsprechendes Wertverständnis für unseren Vorschlag/unsere Lösung aufzubauen. Mehr dazu ebenfalls im fünften Kapitel »Präsentation«.

d) Welche Einwände könnten kommen?

Die Erfahrung nach Tausenden Verkaufstrainings zeigt, dass die meisten von uns in der Praxis mit zirka 15 bis 20 Standardeinwänden vom Kunden konfrontiert werden. Das heißt nicht, dass jeder Kunde 15 bis 20 Einwände bringt, sondern es sind in der Summe nicht mehr. Wie wir damit umgehen, erfahren Sie im sechsten Kapitel »Einwand/Vorwand«.

5. Lust auf Erfolg (Abenteuer)

Mit dieser Einstellung, nämlich Lust auf Erfolg, und dem Abenteuer, wieder zum Kunden zu gehen, haben wir von vornherein bessere Erfolgschancen, als wenn wir mit negativen Gefühlen das Gespräch vorbereiten.

Es ist auch wichtig,

a) Ziel

… ein Ziel zu haben und klar zu definieren: Was möchte ich im Idealfall beim Kunden erreichen?

b) Alternativziel

Falls das Ziel aus irgendwelchen Gründen nicht erreichbar ist, haben Sie sich idealerweise schon einen Plan B – oder eben ein Alternativziel – zurechtgelegt. Zumindest sollte das Alternativziel ein konkret definierter nächster Schritt sein, den Sie und Ihr Kunde gemeinsam vereinbaren.

Wenn Sie so vorbereitet zum Kunden gehen, werden Sie sich positiv von Ihren Mitbewerbern unterscheiden, und Sie werden mit überdurchschnittlichem Verkaufserfolg belohnt.

3. Gesprächseinstieg

Der erste Eindruck

Der Gesprächseinstieg an sich ist auf der Zeitachse nur eine ganz kurze Sequenz von wenigen Minuten. Aber in diesen Augenblicken werden die Weichen gestellt für den weiteren Verlauf des Gesprächs und möglicherweise für die komplette Kunden-Lieferanten-Beziehung. Daher haben wir dafür im Rahmen des 8-Stufen-Konzepts eine eigene Stufe kreiert. Gerade beim Erstkontakt mit einem neuen Kunden ist es wichtig, dass wir ganz bewusst eine persönliche und vertrauensvolle Gesprächsatmosphäre schaffen. Der Kunde soll letztlich von Ihnen kaufen, weil Ihre Produkte und Dienstleistungen seinen Bedürfnissen und Erwartungen entsprechen. Sie werden aber den Bedarf nur dann gezielt feststellen können, wenn der Kunde jetzt Vertrauen zu Ihnen als Verkäufer schöpft. Daher gilt:

Der erste Eindruck zählt.

Die Amerikaner sagen:

You never get a chance to correct the first impression.

Auf Deutsch: Du bekommst keine Chance, den ersten Eindruck zu korrigieren.

Woraus besteht der erste Eindruck? Der erste Eindruck wird aufgrund dessen gebildet, was unser Gegenüber mit seinen Sinnen wahrnehmen kann, also sieht, hört, aber auch riecht und fühlt.

Sehen

Was sieht unser Kunde beim ersten Kontakt, und hoffentlich auch bei den weiteren? Einen ausgeschlafenen, gepflegten Menschen, der ihm, geschmackvoll und zum Anlass passend gekleidet, mit sicherem Gang und einem freundlichen Gesicht – also lächelnd – begegnet. Übrigens gibt es in China ein Sprichwort, das angeblich weit über 3000 Jahre alt ist und besagt:

43

Wer nicht lächeln kann, sollte kein Geschäft machen.

In diesem Sinne denken wir auch immer an unsere freundliche Mimik.

Falls Sie bei dem einen oder anderen Punkt zu Ihrer »optischen Erscheinung« Zweifel haben, bitten Sie einen befreundeten Kollegen oder eine Kollegin um seine/ihre ehrliche Meinung. Was die Kleidung anbelangt, so bedenken Sie, dass Sie sich ein einer Art Dreieck bewegen, welches einigermaßen ausgewogen sein soll. Die erste Seite des Dreiecks steht dafür, was zu Ihnen persönlich an Bekleidungsstil passt, was Ihnen steht. Es ist grundsätzlich empfehlenswert, das zu tragen, was für Sie bequem ist und worin Sie sich wohl fühlen. Beim Verkauf kommen aber noch zwei weitere Seiten des Dreiecks dazu, die ebenso berücksichtigt werden müssen. Die zweite Komponente ist das Kundenumfeld, in dem Sie sich bewegen. Wenn Sie zum Beispiel Risikoanalysesoftware an Investmentbanker verkaufen, sind Jeans und Pullover eventuell »underdressed«. Verkaufen Sie hingegen Futtermittel an landwirtschaftliche Betriebe, so ist der Nadelstreif mit Stecktuch eine fast unüberbrückbare Barriere zwischen Ihnen und Ihrem Kunden. Die dritte Seite des Dreiecks ist die Corporate Identity (CI) oder auch »Firmenidentität« Ihres Arbeitgebers. Welche Werte vertritt Ihr Unternehmen? Wie will die Firma von außen wahrgenommen werden etc.? Idealerweise gelingt es Ihnen, mit Ihrem Bekleidungsstil allen drei Anforderungen gerecht zu werden. Es gibt mittlerweile eine ganze Reihe von Stil- und Typberatern, die Ihnen da gerne weiterhelfen, wenn Sie sich nicht ganz sicher sind. Das ist günstiger, als viele glauben, weil man durch gezieltes Kombinieren und Einkaufen von zeitloseren Kleidungsstücken im Endeffekt oft wieder etwas einspart, vielleicht sogar mehr, als das Beratungshonorar ausmacht. Achten Sie in jedem Fall auf ein ausgewogenes Verhältnis der genannten drei Seiten und lassen Sie sich zumindest von stilsicheren Freundinnen und Freunden Feedback geben.

Wenn sie jetzt innerlich sagen: »Gut und recht, aber so, wie meine Firma will, dass ich rumlaufe, werde ich mich sicher nicht anziehen!«, dann haben sie möglicherweise ein Problem. Langfristig wird es Reibungen geben, wenn das Dreieck zwischen ihrem persönlichen Bekleidungsstil, dem Kundenumfeld und der Firmen-CI stark ungleichschenkelig ist. Da gibt es im Grunde nur einen Tipp: Einstellung ändern oder Firma wechseln.

Praxisbeispiel:
Ich persönlich hatte eine zehnjährige Phase (von Mitte 20 bis Mitte 30), in der ich nur in schwarzen Klamotten rumgelaufen bin. Und zwar ausschließlich, immer und überhaupt nur in schwarzer Kleidung. Die Idee übernahm ich von dem »Wissenschaftler«, den Jeff Goldblum so überzeugend in dem Film »Die Fliege« spielte. Der zeigt in einer Szene der weiblichen Hauptfigur (sorry, den Namen habe ich vergessen) seinen Kleiderschrank. Darin hingen so ungefähr zehn Kombinationen aus Hosen, Jacketts und Hemden. Erraten, es waren zehnmal die gleichen Hosen, zehnmal die gleichen Jackets und zehn gleiche Hemden. Er erklärte der Angebeteten, dass er sich so nicht jeden Morgen den Kopf zerbrechen muss, welche Hose zu welchem Hemd und welchem Jacket etc. passt. Die kluge Frau war zwar amüsiert, aber nicht ganz überzeugt. Ich jedoch war gleich Feuer und Flamme für die Idee. Und da damals alle Gurus in Schwarz herumliefen, fiel mir die Entscheidung leicht. Erst Jahre später erfuhr ich, dass die Drehbuchschreiber zu »Die Fliege« die Idee ihrerseits wieder nur kopiert hatten. Von einem tatsächlich berühmten und für die Weltgeschichte immens wichtigen Wissenschafter. Es war kein Geringerer als Albert Einstein.

Jedenfalls kaufte ich mir zum Eistieg drei schwarze Anzüge, deren Jacketts ich geschlossenen Auges mit den ebenfalls angeschafften schwarzen Jeans kombinieren konnte. Weiters ein paar schwarze Hemden, T-Shirts, schwarze Stutzen (Socken sind unter der Anzughose angeblich ein Fauxpas, wenn »Mann« die Beine übereinander schlägt und die haarige, blasse Haut sichtbar wird und so weiter) und schwarze Schuhe. Die einzigen Farben, die ich mir gönnte, waren meine Mützen und die Krawatten. So, jetzt hatte ich also eine leicht kombinierbare Garderobe, deren weiterer Ausbau vergleichsweise günstig schien. Mein damaliger Chef und meine Kunden fanden das ebenfalls okay, und so waren denn alle zufrieden. Bis, ja, bis ich meinen nächsten Karriereschritt tat. Mit 30 heuerte ich bei einem internationalen Konzern im Bereich Medizintechnik an. Der Job war für mich eine fantastische Herausforderung. Ich sollte nämlich für den Konzern eine eigene Vertriebsfirma in und für Österreich gründen, aufbauen und alleine führen. Mein direkter Chef, ein eleganter Italiener aus gutem Hause, sprach mich nach einem Europameeting in London vorsichtig auf das Thema meiner »schwarzen Hemden« an. Erstens hat das in Italien noch immer ein wenig die Symbolik wie bei uns eine braune Uniform, und zweitens sei der Big Boss »not amused«. Die Engländer sind immer sehr dezent, das heißt frei übersetzt »stinksauer«. Also merkte ich, dass das mit dem Dreieck ein wenig ins Ungleichgewicht geraten war, und kaufte mir extra fünf weiße Hemden für die Konzernmeetings.

Hören

Was hört unser Kunde beim ersten Kontakt? Eine angenehme, klare Stimme, die sich verständlich artikuliert, den Kunden beim Namen nennt, freundlich grüßt und den Stimmeninhaber vorstellt. Abgesehen vom Inhalt, den Sie leichter beeinflussen können, ist es auch interessant, die Stimme selbst zu optimieren. Dazu empfehle ich Ihnen Stimm- und Sprechtechnikübungen, wie sie Schauspieler oder Radio- und Fernsehsprecher machen. Aber Achtung, wir Menschen hören unsere eigene Stimme anders, als andere uns hören. Das liegt daran, dass wir die eigenen Schallwellen nicht nur durch die Luftleitung aufnehmen, sondern auch durch die eigene Knochenleitung und unseren ganzen Körper als Resonanzraum. Also, wenn Sie wissen wollen, wie andere Sie hören, rufen Sie sich einfach von einem anderen Telefon aus auf Ihrem Handy oder auf Ihrem Anrufbeantworter an, und hinterlassen Sie eine Sprechprobe. Wenn Ihnen nicht gefällt, was Sie da hören, ändern Sie es. Andere Profikommunikatoren (Schauspieler, Radiosprecher etc.) tun das auch. Unser Sprechwerkzeug lässt sich nämlich trainieren, wie zum Beispiel unsere Muskulatur auch. Ein paar simple Sprechtechnikübungen jeden Tag fünf bis zehn Minuten lang wirken da oft schon Wunder. Die Zeit dazu brauchen Sie sich nicht extra zu nehmen. Machen Sie die Übungen, einfach in den so genannten »ABC-Räumen« (Auto, Badezimmer und Closett). Es gibt zu dem Thema auch Seminare von verschiedensten Anbietern. Als Literatur kann ich Ihnen das Buch »Die Macht der Stimme« von Ingrid Amon empfehlen (siehe Literaturliste). Beim Buch ist auch eine CD mit Hörbeispielen dabei. Übrigens ist auch unser Kundenumfeld für unsere Sprache und Stimme mit entscheidend. Ein Dialekt kann beispielsweise bei einigen Kunden verstärkend wirken. Was aber nie verstärkt, ist Nuscheln, zu hastiges und/oder undeutliches Sprechen.

Riechen

Was riecht unser Kunde beim ersten Kontakt? Ja, Sie haben völlig richtig gelesen. Unser Riechzentrum hat einen viel größeren Einfluss auf unsere Empfindung, als wir im landläufigen Sinne meinen. Nicht umsonst erwirtschaftet die Kosmetikindustrie jedes Jahr weltweit Milliarden damit. Also wenn Sie zum Beispiel ein Anhänger von Knoblauch und Rotwein sind, verzichten Sie am Abend vor Kundenterminen darauf und verschieben Sie den Genuss auf eine andere Zeit. Wenn Sie rauchen, nehmen Sie vor dem Gespräch ein starkes Pfefferminzbonbon. Wichtig ist die Auswahl Ihres Parfums, Rasierwassers oder Eau de Toilette. Auch dazu kann man sich im Zweifel den Rat von Freunden oder Profis holen. Achten Sie aber auch auf die Dosierung. Im Zweifel gilt jedenfalls:»Weniger ist mehr!«Damit Ihr Duft nicht schon zehn Meter gegen den Wind wahrgenommen wird. Diese Empfehlung gilt für beide Geschlechter gleichermaßen.

Fühlen

Was fühlt unser Kunde beim ersten Kontakt? Einen kurzen, trockenen und festen Händedruck? Dabei geht es nicht darum, wie ein Schraubstock zuzudrücken, sondern eher darum, den Händedruck an den Kunden anzupassen.

Den ersten Eindruck »designen«

Sie sehen also, wir machen uns daran, den ersten Eindruck selbst zu erschaffen, zu »designen«. Dabei wollen wir möglichst wenig dem Zufall überlassen. Stellen Sie sich einfach die Frage, was passieren soll, wenn Ihr Gesprächspartner nach Ihrem Termin in der Cafeteria seinen Chef trifft und dieser ihn fragt: »Wie war denn das Gespräch? Was ist denn die oder der für eine/einer?«

Was sollte Ihr Gesprächspartner dann idealerweise über Sie erzählen?

Für den ersten Eindruck gibt es folgende Checkliste:

• Wichtiges über mich persönlich
• Wichtiges über mich beruflich
• Warum bin ich der geeignete Gesprächspartner?
• Wichtiges über mein Unternehmen
• Welchen besonderen Nutzen bringt das meinem Kunden?
• Welchen persönlichen Eindruck will ich hinterlassen?
• Was soll der Kunde von meiner Firma denken?
• Positive Anknüpfungspunkte zum Beziehungsaufbau

Diese Checkliste finden Sie – wie auch alle anderen – als Kopiervorlage am Ende des Buchs oder als Gratis-Download auf unserer Homepage unter www.vbc.biz.

Praxistipp:
Wenn Sie Ihren ersten Eindruck anhand der Checkliste designen oder gestalten, geht es nicht darum, dass Sie beim Gesprächseinstieg zu den einzeln genannten Punkten jeweils etwas »sagen«. Es geht vielmehr darum, das, was Sie vermitteln wollen, verinnerlicht zu haben und sich selbst zu glauben. Das heißt, es »funktioniert« nur, wenn Sie sich zuerst selbst davon überzeugen. Erst dann kann man andere überzeugen. Nur das Feuer, das Sie in sich selbst entfachen und am lodern halten, kann andere »entzünden«. Sie werden erstaunt sein, wie gut es dann gelingt, diese Botschaften nonverbal zu übermitteln.

Begrüßung/Vorstellung

Das Wichtigste zu den Themen Begrüßung und Vorstellung habe ich bereits im vorhergehenden Abschnitt beim Thema »erster Eindruck« gesagt. Dazu noch eine zusätzliche Empfehlung bezüglich Visitenkarten.

Visitenkarten

Wir von VBC empfehlen, die Visitenkarte gleich zu Beginn des Gesprächs zu überreichen. Und zwar dann, wenn Sie sich selbst vorstellen. Es gibt andere Institute und Meinungen, welche empfehlen, die Visitenkarte erst am Schluss zu überreichen. Das Argument für diese Variante ist, dass Sie dann sozusagen noch ein Geschenk am Ende des Gesprächs haben. Etwas zum Angreifen, das Sie überreichen. Diese Argumentation stimmt. Dennoch überwiegen meiner Meinung nach die Vorteile, wenn Sie die Visitenkarte gleich am Anfang überreichen:

Ihr Kunde erhält eine Orientierung.
Ihr Kunde sieht Ihr Firmenlogo und den Firmennamen.
Ihr Kunde sieht Ihren eigenen Namen.
Sie können gleich nach einer Karte des Kunden fragen.

Auf die letzten beiden Punkte möchte ich noch etwas näher eingehen.

Der Kunde sieht Ihren Namen

Was meine ich damit? Viele von uns haben ein schlechtes Namensgedächtnis. Vielleicht kennen Sie selbst auch die Situation, die mir oft passiert: Mir wird jemand mit dem Namen vorgestellt, ich begrüße die Person und habe den Namen genau sieben Sekunden später wieder vergessen. Mir ist das dann peinlich, und ich versuche auf irgendwelchen Schleichwegen wieder an den Namen heranzukommen. Die Wahrscheinlichkeit, dass auch Ihr Kunde Ihren Namen wieder vergisst, ist gar nicht so klein. Möglicherweise ist es auch Ihrem Kunden peinlich, und er vermeidet es, Sie noch einmal danach zu fragen. Das kann im schlimmsten Fall bedeuten, dass unsere ganze Investition in das Designen des ersten Eindrucks für die sprichwörtliche Katz ist. Nämlich dann, wenn der Kunde beim ersten Eindruck den dazugehörigen Namen gar nicht in seinem Gedächtnis abspeichert. Das können Sie elegant verhindern, indem Sie dem Kunden gleich zum Gesprächsbeginn Ihre Karte geben. Er hat sie vor sich liegen und kann während des Gesprächs den Namen wieder nachlesen. Er wird also Ihr Gesicht und den Eindruck, den Sie hinterlassen, in seinem Kopf gemeinsam mit Ihrem Namen abspeichern. Und genau das wollen wir erreichen.

Sie können gleich nach einer Karte des Kunden fragen

Speziell im »B2B-Bereich« (Verkauf an Geschäftskunden oder Institutionen) ist es völlig legitim, den Kunden nach einer Visitenkarte zu fragen. Nicht mit vorwurfsvollem Gesicht, sondern mit einem freundlichen Lächeln. ;-)) Speziell, wenn Sie sich im Büro Ihres Kunden treffen, wird er höchstwahrscheinlich einen ganzen Stapel seiner Karten in seiner Schublade haben. Viele Kunden vergessen ganz einfach, uns eine Visitenkarte zu geben und wenn man sie fragt, rücken sie gerne eine heraus. Mit der Visitenkarte können Sie sichergehen, dass Sie den Namen, die richtige Schreibweise, mögliche akademische Titel, die Telefonnummer mit Durchwahl, den genauen Firmenwortlaut und auch die E-mail-Adresse Ihres Kunden für Ihre Kundendatenbank oder Ihr CRM-System haben.

Praxistipp:
Zum Abschluss des Gesprächs können Sie Ihrem Kunden durchaus noch eine zweite Visitenkarte überreichen. Und das machen Sie mit in etwa folgender Begründung: »Zu Gesprächsbeginn habe ich Ihnen bereits eine Karte von mir gegeben. Die ist für Sie persönlich. Jetzt gebe ich Ihnen noch eine zweite, die Sie bitte einem Geschäftsfreund oder geschäftlichen Bekannten geben, der ebenfalls XY (hier jetzt Ihr Hauptproduktnutzen oder Dienstleistungsnutzen) brauchen kann.«

Genau an der Stelle am Ende des Gesprächs können Sie mit dieser Einleitung auch gleich auf eine Empfehlung lossteuern. Dazu aber mehr im siebten Kapitel, wenn es um den Abschluss geht.

Aufwärmen wie ein Sportler

Bekanntlich wärmen sich Sportler vor jedem Wettkampf mit einigen Übungen auf. Damit wollen sie unter anderem verhindern, dass es in der Belastungsphase zu einem Muskel- oder Sehneneinriss kommt. Profiverkäufer wärmen auch das Verkaufsgespräch am Beginn auf. Kunde und Verkäufer müssen sich zuerst aufeinander einstellen und »warm« werden. Am Anfang des Gesprächs ist der Kunde vielleicht mit seinen Gedanken noch ganz woanders. Wir als Verkäufer sind zwar schon optimal vorbereitet, aber für den Kunden wäre es, als würden wir mit der Tür ins Haus fallen, wenn wir gleich mit den ersten Bedarfsfragen beginnen. Der Gesprächseinstieg ist bereits der Beginn des Aufwärmens. Was können Sie also tun, um das Gespräch aufzuwärmen?

Professioneller Smalltalk

Der Nutzen des Smalltalks wird im landläufigen Sinne weit unterschätzt. Wir Menschen sind keine Computer, sondern soziale Wesen, und wollen uns erst einmal auf den anderen einstellen. Wir wollen herausfinden:»Was ist das für einer?«,»Was hat der mit mir vor?« etc. Achten Sie darauf, dass der Smalltalk nicht abgedroschen klingt. Gespräche über das Wetter sind dafür nicht immer geeignet, außer es gibt einen besonderen geschäftsbedingten Bezug dazu. Wenn der Kunde zum Beispiel im Tourismusgeschäft tätig ist, wo das Wetter einen wesentlichen Faktor darstellt.

Neuigkeiten

Als Profi in Ihrem Bereich sind Sie auch so etwas wie ein Informationsbroker und Nachrichtendienst für Ihre Kunden. Solange Sie dabei keine Firmengeheimnisse eines anderen Kunden ausplaudern, macht es sich gut, wenn Sie sich über die Branche und irgendwelche branchenüblichen Neuigkeiten und Trends mit Ihrem Kunden unterhalten.

Nettigkeiten

Bei Nettigkeiten und Komplimenten begeben sich manche von uns gerne auf dünnes Eis. Dabei gibt es eine relativ simple Faustregel. Wenn Sie sich an die halten, sind Sie in 99 Prozent der Fälle auf der sicheren Seite.

Die Faustregel lautet:

»Machen Sie Komplimente nur dann, wenn Sie es ehrlich meinen.«

Das heißt, wenn Sie zum Beispiel der Meinung sind, dass der Arbeitsplatz Ihres Kunden einem unzumutbaren Saustall gleichkommt, wird die Aussage »Nett haben Sie es hier« möglicherweise nicht den gewünschten Effekt erzielen.

An Früheres anknüpfen

Immer dann, wenn es sich nicht um ein Erstgespräch handelt und Sie Ihre Kundendatenbank oder Ihr CRM-System ordentlich geführt haben, können Sie jetzt damit punkten. In dieser Phase sind eher private Themen angesagt. Sie sind ja erst beim Aufwärmen. Fragen Sie Ihren Kunden also, wie der Urlaub auf Sylt war, wenn er Ihnen beim letzten Gespräch erzählt hat, dass er dorthin reisen wird.

Interesse für das Geschäft zeigen

Wenn es kein früheres Gespräch gab und Ihnen auch sonst nichts Besonderes auffällt, liegen Sie meist richtig, wenn Sie ehrliches Interesse für das Geschäft Ihres Kunden zeigen. Dazu bedarf es natürlich einer sauberen Vorbereitung. Sie haben zum Beispiel im Internet oder in der Zeitung eine interessante Nachricht (etwas Positives) über Ihren Kunden gelesen. Sie fragen also zum Beispiel: »Ich habe gehört, dass Sie eine Tochterfirma in Singapur gegründet haben. Wie läuft es denn dort?«

Wir können in den meisten Fällen davon ausgehen, dass unsere Kunden das, was sie tun auch gerne tun, und dass sie auf besondere Errungenschaften ihres Unternehmens und ihrer Abteilung meistens auch stolz sind. Es stimmt nur dann nicht, wenn die Person, mit der Sie zusammensitzen, bereits innerlich gekündigt hat. In einem solchen Fall ist das Gespräch ohnehin meist nicht besonders zielführend.

Generell gilt für die Aufwärmphase:

»In der Kürze liegt die Würze!«

Von einigen besonderen Ausnahmen abgesehen, soll die Gesprächs-aufwärmphase nicht länger als ein paar Minuten dauern. Sollten Sie es übertreiben, wird Ihr Kunde Ihnen körpersprachlich ohnehin ein-deutige Signale senden (blickt auf die Uhr, wirkt etwas nervös, rückt den Sessel zurecht, legt die Hände auf den Tisch und signalisiert kör-persprachlich, dass er etwas schreiben oder tun möchte).

Aufwärmen auch bei Fankunden

Alles, was ich bis jetzt zum Thema Aufwärmen geschrieben habe, gilt natürlich insbesondere bei Erstgesprächen. Das heißt, wenn Sie den Menschen, mit dem Sie nun ein Geschäft machen möchten, zum ersten Mal sehen. Kennen wir einen Kunden jedoch schon sehr gut, so tendieren wir dazu, die Aufwärmphase zu vergessen oder wegzu-lassen. Frei nach dem Motto: »Wir sind eh schon per du und haben viele Geschäfte gemacht, da brauche ich das nicht mehr!« Das kann gefährlich sein. Sie kommen bestens vorbereitet zum Kunden und haben auch einen Termin. Sie wissen aber nicht, dass Ihr Kunde vielleicht gerade eine Hiobsbotschaft empfangen hat. Vielleicht hat der wichtigste Mitarbeiter gekündigt, oder es gab einen Streit mit einem Kollegen. Daher gilt auch hier die Empfehlung für eine Aufwärm-phase.

Raum richtig nutzen

Kennen Sie das Gefühl, wenn Ihnen jemand – rein räumlich gesehen – zu nahe tritt oder wenn jemand – wieder rein räumlich gesehen – auf Distanz geht. Der richtige Umgang mit dem Raum, das Wissen, wie man sich im Raum richtig bewegt und wo sich die günstigen Positionen im Raum befinden, kann die Gesprächsatmosphäre ent-scheidend verschlechtern oder auch verbessern. Edward T. Hall, der Entdecker dieser Zusammenhänge, hat den Begriff »Proxemik« geprägt. Proxemik ist die Lehre von der Nutzung des Raums. In dem Zusammenhang ergeben sich für uns in der Verkaufspraxis folgende Fragen:

Wie betrete ich das Büro meines Kunden?

Wenn wir unseren Kunden in seinem Büro oder in seinem Unternehmen treffen, befinden wir uns sozusagen im »Territorium« des anderen. Wir sind die »Eindringlinge«, und der Kunde kann (idealerweise) die Rolle des »Gastgebers« übernehmen. Daher empfiehlt es sich, sich im persönlichen Auftritt eine Balance zwischen »zu zurückhaltend« und »zu selbstsicher« (überheblich) zu schaffen. Wenn wir zum Beispiel sehr zaghaft anklopfen, dann vorsichtig die Türklinke drücken, zuerst nur den Kopf durchstrecken und mit der Mimik bereits eine Entschuldigung für die eigene Präsenz signalisieren, wirken wir eindeutig zu unsicher. Das andere Extrem wäre, wenn wir die Türe aufreißen, auf den Kunden und seinen Schreibtisch zugaloppieren und ihn mit dem Händedruck förmlich vom Sessel reißen. Das wirkt zu aufdringlich. Zwischen diesen zugegebenermaßen übertriebenen Extrembeispielen liegt der Bereich, für den sich jeder aufgrund seiner Persönlichkeit und seines persönlichen Stils entscheiden kann. Wichtig dabei ist eben die Wirkung unseres Tuns, und in diesen ersten Sekunden beginnt das, was Sie am Kapitelanfang bereits zum ersten Eindruck gelesen haben. Was für das gesamte Verkaufsgespräch wichtig ist, gilt hier fast doppelt. Die Signale, die wir mittels unserer Körpersprache ausstrahlen, machen jetzt einen Gutteil des ersten Eindrucks aus. Die Körpersprache ist sozusagen der Handschuh der Seele, und bewusst oder unbewusst orientieren sich unsere Kunden in diesen ersten Sekunden mehr nach dem, was sie an körpersprachlichen Informationen von uns bekommen. Dazu empfehle ich Ihnen auch das Buch meines Kollegen Stefan Verra, »Die Körpersprache im Verkauf«, das Sie ebenfalls in der Literaturliste am Ende dieses Buchs finden.

In welcher Position führe ich das Verkaufsgespräch?

Wenn Sie mit Ihrem Kunden an einem Tisch sitzen, vermeiden Sie tunlichst die frontale Position, also das direkte Vis-à-vis-Sitzen. Aus der Verhaltenspsychologie und der verkäuferischen Praxis wissen wir, dass sich alleine durch das direkte Gegenübersitzen eher eine Konfrontation ergibt als ein Miteinander. Idealerweise sitzen wir also mit unserem Kunden ums Eck am Tisch, sodass wir physisch einen Schulterschluss machen und uns auch gemeinsam Dinge ansehen können. Diese Sitz- oder auch Stehposition vermeidet die Konfrontation und unterstützt das Gemeinsame und das Miteinander. Natürlich ist das in der Praxis nicht immer so einfach. Manche Kunden bleiben an ihrem Schreibtisch sitzen und haben direkt vis à vis einen Besucherstuhl, auf dem sie dem anderen Platz anbieten. In dem Fall müssen wir uns zuerst damit begnügen. Diejenigen Kunden, die darüber hinaus auf Machtspielchen Wert legen, haben vielleicht sogar einen Besucherstuhl, der bewusst niedriger ist als der eigene imposante Ledersessel (Thron). Auch hier werden wir uns zuerst damit begnügen. Das heißt aber nicht, dass es während des gesamten Verkaufsgesprächs so bleiben muss. In vielen Fällen gibt es im Büro noch eine Art Besprechungstisch. Wenn Sie einen solchen erspähen, können Sie Ihren Kunden dorthin locken und dann mit ihm Schulter an Schulter sitzen.

Praxistipp:

Das geht am besten nach der Bedarfserhebung, wenn Sie Ihrem Kunden etwas »präsentieren«. Mit in etwa folgender Aussage können Sie dann Ihren Kunden hinter seinem Schreibtisch hervorlocken: »Ich habe Ihnen etwas mitgebracht, das ich Ihnen gerne zeigen würde. Das lässt sich hier schwer machen. Können wir eventuell dort hinübergehen?«

Jetzt ist es wichtig, dass Sie Ihre Körpersprache bewusst mit einsetzen. Erstens müssen Sie sich selber glauben, dass der Kunde mit Ihnen am Besprechungstisch sitzen wird, und zweitens stehen Sie, während Sie das sagen, wie selbstverständlich auf, machen ein freundliches Gesicht und eine Geste in Richtung des Besprechungstischs.

In manchen Fällen kann es auch sinnvoll sein, den Kunden komplett aus seinem Büro herauszulocken. Das geht dann, wenn Sie ihm irgendwo anders etwas zeigen wollen (zum Beispiel eine komplexe Installation oder etwas, das Sie nicht in sein Büro schleppen können) und/oder wenn Sie mit Ihrem Kunden zu einem Geschäftsessen oder in ein Café gehen.

Wie bereite ich meinen »Arbeitsplatz« vor?

Dabei geht es darum, dass Sie als Außendienstverkäufer bei Verkaufsgesprächen den Arbeitsplatz meistens in den Räumlichkeiten des Kunden haben. Wie vorher erwähnt, befinden wir uns – rein territorial gesehen – auf fremdem Gebiet und sind sozusagen »Eindringling« im Territorium des anderen. Daher bewegen wir uns entsprechend vorsichtig und vermeiden allzu grobe »territoriale Verletzungen«. Eine solche territoriale Verletzung wäre zum Beispiel, wenn wir im Besprechungszimmer unwissend auf dem Lieblingsstuhl des Firmenchefs Platz nehmen. Der Boss betritt nach uns den Raum und sieht, dass ein Eindringling ihm seinen Platz streitig macht. Eine andere Territorialverletzung kann sein, wenn wir auf dem voll geräumten Schreibtisch des Kunden (an dem wir mangels Alternative Platz nehmen) unsere Unterlagen entweder über seine Stapel legen oder seine Sachen ungefragt zur Seite schieben. Das klingt alles sehr banal, wirkt aber unterbewusst enorm stark.

Der Praxistipp lautet daher:
Am Schreibtisch des Kunden fragen wir, ob wir unseren Schreibblock oder unsere Schreibmappe hier ablegen können. Mit gutem Augenkontakt und einer kurzen Pause werden Sie das Okay des Kunden bekommen, der Ihnen gegebenenfalls auch etwas Platz frei räumt. In einem Besprechungszimmer, in das wir gebeten werden, bevor die anderen Teilnehmer hereinkommen, können wir sicherheitshalber fragen, wo wir denn Platz nehmen können oder sollen.

Praxistipp Verkaufsunterlagen:
Was die Unterlagen anbelangt, so empfehlen wir, von Anfang an einen Schreibblock mit Stift bereitzulegen. Darüber hinaus macht es sich gut, wenn Sie auf dem Schreibblock bereits den Namen des Kunden, gegebenenfalls auch den Firmennamen, geschrieben und stichwortartig ein paar Fragen sichtbar vorbereitet haben. Das wirkt professionell und gibt dem Kunden die Sicherheit, mit jemandem zusammenzusitzen, der seine Zeit nicht vergeudet, sondern gut zu nutzen weiß.

Prospekte, Demonstrationsmaterial, Fotos und andere interessante Unterlagen jedoch behalten Sie unbedingt noch in Ihrer Aktentasche.

Wir Menschen sind nämlich neugierige Augentiere, und der Gesichtssinn (also das Visuelle) hat eine viel höhere Priorität als der Gehörsinn (das Akustische). Das heißt, wenn Sie mit Ihrem Kunden am Tisch sitzen und ihm etwas erzählen oder ihn etwas fragen (akustisch), er gleichzeitig aber ein tolles Vierfarbenprospekt auf Ihrer Seite sieht (visuell), wird er Ihnen weniger zuhören. Er wird vielmehr neugierig darauf sein, was es denn da Tolles zu sehen geben wird. Etwas dominantere Kundentypen werden sogar nach den Unterlagen greifen und beginnen, sie durchzublättern und Ihnen Fragen zu stellen. Das ist möglicherweise nicht in Ihrem Sinne und passt nicht in die Dramaturgie Ihres Verkaufsgesprächs. Daher nochmals die Empfehlung, die Unterlagen erst dann aus der Tasche zu nehmen, wenn das in Ihre persönliche Inszenierung passt. Dass Sie dazu nicht lange in der Tasche herumkramen sollten, erklärt sich von selbst. Wir bereiten die Dinge so vor, dass sie mit einem Handgriff erreichbar sind.

Elevator Pitch/Fahrstuhlansprache

Stellen Sie sich vor, Sie sind bei einem großen Firmenkunden und hatten gerade ein Erstgespräch mit einem der Einkäufer. Das Gespräch lief so lala, und Sie haben einen zweiten Termin vereinbart, bei dem Sie bereits ein konkretes Angebot präsentieren werden. Wie es der Zufall will, fahren Sie im Lift gemeinsam mit dem Vorstandsvorsitzenden dieser Firma. Sie kennen den Mann aus den Medien und haben nicht damit gerechnet, ihn zufällig anzutreffen. Sie haben eine Broschüre Ihrer Firma in der Hand, und der Vorstandsvorsitzende Herr Dr. Schwertberg erkennt den Firmenschriftzug Ihrer Firma und spricht Sie darauf an.

Kunde Dr. Schwertberg: »Ah, ich sehe, Sie sind von der Firma CBA Dienstleistungen. Was haben Sie denn Schönes für unser Haus zu bieten?«

So, jetzt kommt's. Sie haben vielleicht 20 Sekunden Zeit, bis der Lift unten angekommen ist und sich Ihre Wege wieder trennen werden. Es gibt natürlich kein Standardrezept, was Sie jetzt machen, aber eines ist klar, Sie haben jetzt ein ganz kurzes Zeitfenster, um Interesse für Ihre Lösungen zu wecken und einen guten Eindruck zu hinterlassen – oder aber es zu vermasseln.

Hören wir uns einmal an, was Kollege Georg jetzt von sich gibt.

Verkäufer Georg: »Ja, äh, also, was soll ich sagen, wir sind einer der drei führenden Anbieter für komplette ABC-Lösungen, und ich hatte einen Termin mit Ihrem Einkäufer Herrn Selig. Na ja, das Gespräch ist ganz gut gelaufen und ich komme dann bereits mit einem konkreten Angebot für Sie nächste Woche wieder.«

Kunde: »Schön, schön, das klingt ja interessant. So, ich muss jetzt weiter, vielen Dank und toi, toi, toi.«

Na ja, da kann man noch daran feilen. Hier eine andere Variante.

Verkäuferin Bernadette: »Schön, Herr Dr. Schwertberg, dass Sie meine Firma kennen. Darf ich fragen, woher?«

Kunde: »Ja, ja, ich hatte bei meiner letzten Firma mit einem Ihrer Kollegen zu tun, und mir hat die Lösung damals gut gefallen, wir sind nur preislich damals nicht zusammengekommen.«

In dieser Variante sind Sie mit dem Nennen des Namens des anderen und einer Frage bereits ins Gespräch gekommen. Jetzt könnten Sie fortfahren, indem Sie sich selbst vorstellen und eine Visitenkarte herausrücken, um dann eine von Herrn Dr. Schwertberg zu erbeten und – falls es die Zeit erlaubt – noch Interesse für die jetzige Projektlösung zu wecken.

Oder aber Sie agieren gemäß der Variante von Verkäuferin Anna.

Verkäuferin Anna: »Das freut mich, Herr Dr. Schwertberg, dass Sie mein Unternehmen kennen. Darf ich mich vorstellen, mein Name ist Anna Frankenberg. Ich bin bei uns spezialisiert auf Gesamtlösungen. Ich hatte heute einen Termin mit einem Ihrer Einkäufer, und wir sprachen über ein interessantes neues Konzept, das einige Kosteneinsparungen in Ihrer Auslandslogistik bewirken kann. Allerdings, um das komplette Einsparungspotenzial für Sie zu lukrieren, bedarf es wahrscheinlich eines Engagements von allerhöchster Stelle, also von Ihnen. Wie interessant ist das für Sie?«

Hier ist unsere Kollegin gleich sehr zielstrebig auf einen Termin losgegangen mit einer Nutzenversprechung, nämlich jener der Einsparung. Wenn der Vorstandsvorsitzende jetzt Interesse signalisiert, könnte unsere Kollegin gleich einen Termin vereinbaren. Oder sich von Dr. Schwertberg das Okay holen, sich mit der Vorstandssekretärin einen Termin auszumachen. Diese Vorgehensweise ist hoch professionell, beinhaltet aber die Gefahr, dass sich der Einkäufer übergangen fühlt.

Welche Variante Sie einsetzen, können im Einzelfall nur Sie selbst entscheiden. Jedenfalls ist es wichtig, sich auf eine solche Situation, in die Sie eigentlich nicht nur im Lift, sondern auch beim Einkaufen, im Lebensmittelgeschäft, im Café, auf dem Golfplatz, in der Flughafenlounge oder wo auch immer geraten können, gut vorzubereiten.

Damit es überhaupt zu einer solchen Situation kommen kann, ist es gut, wenn Sie ein erkennbares Firmensymbol Ihrer Firma mit sich tragen (entweder Unterlage oder Logo auf Ihrer Aktentasche, Firmenlogo als Button auf dem Anzug oder was immer Ihnen auch dazu einfällt). Und zweitens ist es wichtig, sich auf eine solche Kurzansprache vorzubereiten. Gut geeignet dafür sind auch die so genannten MNC-Schleifen, die Sie im fünften Kapitel (»Präsentation«) noch näher kennen lernen werden. Hier noch eine kurze Zusammenfassung, worauf es ankommt:

1. Freundliche Mimik und guter Augenkontakt
2. Wenn möglich, den Namen des Gesprächspartners nennen
3. Wenn der Gesprächspartner signalisiert, dass er unser Unternehmen kennt, nachfragen und anknüpfen
4. Eine Fähigkeitenaussage platzieren (also ein Merkmal Ihres Unternehmens oder Angebots), danach den Nutzen für den Kunden erklären und idealerweise mit einer Frage beenden
5. Wenn möglich, Visitenkarten austauschen und nächsten Schritt vereinbaren
6. Falls kein nächster Schritt vereinbart werden konnte, auf jeden Fall eine kurze E-mail oder einen Kurzbrief mit einem Dankeschön und einer interessanten Information nachsenden

Sie sehen, auch beim Gesprächseinstieg überlassen wir die wichtigen Dinge nicht dem reinen Zufall. Sie bereiten sich auf verschiedene Eventualitäten vor, und dann wird Ihnen der Erfolg »zufallen«.

4. Bedarfserhebung

Unter Bedarfserhebung verstehen wir jenen Teil des Verkaufsgesprächs, bei dem wir den Kundenwunsch und den Kundenbedarf herausfinden. Es geht also nicht darum, was wir dem Kunden verkaufen wollen, sondern was unser Kunde sich wünscht oder benötigt. Dabei genügt es nicht, nur den Kundenwunsch herauszufinden. Wir müssen auch den Kundenbedarf erfahren beziehungsweise wecken. Manchmal gibt es nämlich ein gewisses Spannungsfeld zwischen Kundenwunsch und Kundenbedarf.

Praxisbeispiel:
Ich hatte einen Ersttermin mit dem Anzeigenvertriebsleiter einer angesehenen überregionalen Tageszeitung. Der Gesprächseinstieg und die Aufwärmphase liefen entsprechend gut, und so ging ich in die Bedarfserhebung. Was der Kunde sich »wünschte«, war, dass seine Verkäufer abschlussstärker werden. Er war also der Meinung, dass seine Verkäufer ein Abschlusstraining brauchen, damit er mehr Anzeigenumsatz generieren kann. So präsentierte ich ihm unsere Möglichkeiten und vereinbarte mit ihm ein Factfinding mit einigen seiner Mitarbeiter. Dabei bemerkte ich, dass die Leute in erster Linie frustriert und demotiviert waren, weil zwei neue Regionalverkaufsleiter eingesetzt wurden, mit denen sie überhaupt nicht konnten. Außerdem waren mehr oder weniger alle mit dem seit Jahreswechsel neu eingeführten Provisionssystem unzufrieden. So war es leicht zu erkennen, dass der Kundenbedarf kein Abschlusstraining war, sondern dass hier eindeutig ein Organisationsentwicklungs- und möglicherweise auch ein Führungsproblem vorlagen. Natürlich hätte ich jetzt den Kunden in seinem Glauben lassen können, dass sein »Wunsch« nach einem Abschlusstraining all seine Probleme löst. Aber das wäre nicht nur unseriös und unethisch (siehe Kapitel 1), sondern auch dumm von mir gewesen. In dem Fall hätte ein Verkaufsabschlusstraining zwar mir einen kurzfristigen Umsatz gebracht, aber nicht das Problem von meinem Kunden gelöst. Daher empfahl ich ihm, zuerst eine Organisationsentwicklung zu machen und gemeinsam mit seinen Leuten eine Lösung für das Provisionssystem zu finden, um danach über Verkaufstrainings zu sprechen. Nachdem wir keine Organisationsentwicklungsberatung machen, konnte ich ihm selbst gar nichts dazu anbieten.

Zu dem Beispiel werden manche wahrscheinlich sagen: Der Feldmann ist ein Dummkopf und lässt sich Umsatz entgehen, der quasi auf der Straße liegt. Und die Vertreter des neuen »Macho Selling« (das ich für einen evolutionären Rückschritt und Irrtum halte) würden sich an den Kopf greifen. Ich aber glaube, dass dieser Kunde sicher kein zweites Training gekauft hätte, nachdem er darauf gekommen wäre, dass das Abschlusstraining nicht seine Probleme löst. Das war so ein klassischer Fall von einer Diskrepanz zwischen Kundenwunsch und Kundenbedarf. Der Unterschied muss nicht immer so groß sein, dass wir dann nichts anbieten oder verkaufen können, im Gegenteil: Meistens können wir den Kundenbedarf selbst decken.

Faule Ausreden

In der Praxis passiert es noch immer sehr oft, dass nur eine ungenügende oder gar keine Bedarfserhebung gemacht wird. Mit folgenden Ausreden (siehe auch Grafik 5):

Grafik 5

61

Ich weiß, was meine Kunden wollen

Es kann schon sein, dass wir aufgrund unserer Erfahrung und/oder unserer Intuition ein sehr gutes Urteilsvermögen entwickeln und den Kundenbedarf oft im Vorhinein recht gut einstufen können. Trotzdem ist es grob fahrlässig, diese Vorahnung nicht durch ein paar gezielte Bedarfserhebungsfragen abzuklopfen.

Dafür haben meine Kunden keine Zeit

Diese Ausrede oder Aussage ist durchaus ernst zu nehmen, und es kann immer wieder mal passieren, dass der Kunde sagt:»Ich habe nicht viel Zeit, also erzählen Sie mir schnell, was Sie zu bieten haben.« Dadurch lassen sich manche Kollegen ins Boxhorn jagen und glauben, keine Bedarfserhebung machen zu dürfen, und beginnen, ins Blaue hinein zu präsentieren. Aber Achtung: Auch in diesem Fall brauchen wir eine Bedarfserhebung. Wir müssen sie nur dem Kunden zuerst »verkaufen«. Der Kunde muss also erkennen, was er für einen Nutzen hat, wenn er sich jetzt Zeit dafür nimmt, uns ein paar Fragen zu beantworten. Dazu empfehlen wir die so genannte **»Vorspanntechnik«**. Wie der Name schon sagt, spannen wir etwas vor die Fragen. Nämlich eine Aussage, weshalb die kommenden Fragen für den Kunden interessant sind.

Praxistipps »Vorspannformulierungen«:
o »Damit ich Ihnen eine für Sie maßgeschneiderte Lösung anbieten kann, habe ich zuerst ein paar Fragen: ...«
o »Um noch besser zu verstehen, worum es in Ihrem speziellen Fall geht, möchte ich Ihnen zuerst noch ein paar Fragen stellen: ...«
o »Bevor ich Ihnen einen konkreten Vorschlag mache, ...«

So oder so ähnlich kann die Vorspanntechnik formuliert werden. Wichtig dabei ist, dass Sie dem Kunden einen Nutzen für seine Investition (die Zeit des Fragebeantwortens) in Aussicht stellen, der für ihn relevant ist.

Praxistipp »Timing der Vorspanntechnik«:
Machen Sie nach der Vorspanntechnik eine kurze Pause und sehen Sie dem Kunden in die Augen. Er muss nämlich zu diesem Vorschlag zuerst Ja sagen oder ihn zumindest körpersprachlich abnicken. Dann wird auch der stressigste Dringlichkeitsdynamiker Ihre Fragen brav beantworten. Vorausgesetzt, die Fragen sind relevant und machen Sinn. Was wiederum voraussetzt, dass wir die Fragen bereits im Rahmen der Besuchsvorbereitung durchdacht haben. In dem Zusammenhang verweise ich noch einmal auf die entsprechende Stelle im zweiten Kapitel »Besuchsvorbereitung«.

Kann es Kunden geben, die sich trotz allem und mit bester Vorspanntechnik keine Zeit nehmen wollen, um Fragen zu beantworten? Ja, das kann vorkommen.

Praxisbeispiel:
Ein Kollege bat mich jüngst, für ihn ein Erstgespräch bei einem potenziellen Kunden zu machen, weil er selbst zu dem Zeitpunkt für einen dringenden Trainingstermin ins Ausland musste. Der Kunde war der Chef und Unternehmensgründer höchstpersönlich. Seine Firma ist ein Finanzdienstleistungsunternehmen mit eigener Vertriebsmannschaft. Er selbst wohnt steueroptimiert in Monaco und hat das Gespräch bei einem seiner raren Wientermine eingeschoben. Ich ließ mich von meinem Kollegen briefen und dachte, ich wäre einigermaßen gut vorbereitet. Das Gespräch fand in den repräsentativ gestalteten Firmenräumlichkeiten des potenziellen Kunden statt. Ich war pünktlich dort und wurde von einer charmanten Mitarbeiterin in das Besprechungszimmer geführt und mit Kaffee versorgt. Dort nutzte ich die halbe Stunde Wartezeit, um in den Broschüren des Unternehmens zu blättern. Dann ging die Tür auf, und es erschien der perfekt gestylte, dynamische und noch recht junge Selfmademillionär. Nach einer sehr kurzen Aufwärmphase übernahm mein Gesprächspartner das Ruder und sagte: »Soso, Sie sind also ein Topverkäufer?«

Darauf ich: »Das kommt darauf an, was man darunter versteht. Aber vielleicht kann ich dazu beitragen, dass Ihre Verkäufer noch erfolgreicher werden.«

Kunde:»Na, dann erzählen Sie mir einmal, wie Sie das machen wollen.«

Ich:»Das weiß ich noch nicht. Um das herauszufinden, möchte ich Ihnen gerne noch ein paar Fragen stellen.«

Kunde (starke körpersprachliche Widerstandssignale):»Nein, nein. Die Fragen hier stelle ich.«

Im Nachhinein gesehen hätte ich das Gespräch genau an der Stelle abbrechen sollen. Ich war zu feige oder zu höflich und habe es nicht getan. Natürlich ist aus dem Gespräch nichts geworden.

Lassen Sie sich von dem Beispiel aber nicht abschrecken. Das passiert glücklicherweise nur alle zig Jahre, und man kann aus solchen Gesprächen durchaus einiges lernen.

Ich sehe den Leuten an, was sie brauchen

Da steckt derselbe Geist dahinter wie bei der ersten Ausrede, und er ist hier genauso gefährlich. Daher gilt hier sinngemäß, was ich schon zur ersten Ausrede geschrieben habe.

Ich kann ja nur immer das Gleiche anbieten

Diese Aussage entstammt der Sorge, bei der Bedarfserhebung könnte herauskommen, dass der Kunde etwas anderes braucht, als ich bieten kann. Die Sorge ist grundsätzlich berechtigt. Nur ist es keine gute Lösung, deshalb die Bedarfserhebung auszulassen. Wenn ich im Gespräch herausfinde, dass mein Kunde etwas anderes braucht, als ich ihm bieten kann, dann weiß ich zumindest, dass ich hier nicht mehr allzu viel Zeit verbringen sollte. Was uns auch schon zu dem Punkt der Kundenqualifizierung bringt. Dazu aber etwas später in diesem Kapitel.

Was bringt die Bedarfserhebung?

Zusammenfassend möchte ich sagen, dass Profiverkäufer in jedem Fall eine Bedarfserhebung machen sollten. Wie wir das machen, erfahren Sie in den nächsten Unterkapiteln zum Thema Fragetechnik und aktives Zuhören. Hier möchte ich noch ergänzen, was wir uns von einer guten Bedarfserhebung erwarten können. Was also bringt eine Bedarfserhebung?

Was braucht der Kunde wirklich?

Wir finden heraus, was der wirkliche Kundenbedarf ist und ob es gegebenenfalls eine Diskrepanz zwischen Kundenwunsch und Kundenbedarf gibt.

Wie laufen Kaufentscheidungen ab?

Für uns Verkäufer ist es sehr interessant zu erfahren, wie denn beim Kunden die Kaufentscheidung getroffen werden. Im Falle eines institutionellen Kunden, also einer Firma oder Organisation, reden möglicherweise mehrere Personen mit. Aber selbst bei einem Inhaber eines Kleinunternehmens oder bei einer Privatperson kann es durchaus sein, dass dieser Kunde sich noch mit jemand anderem berät, bevor er entscheidet.

Kaufmotive erkennen

Durch gezieltes Fragen bringen wir auch in Erfahrung, welche Motive (Kaufmotive) bei unserem Gesprächspartner vorliegen. Zum Thema Kaufmotive erfahren Sie in diesem Kapitel noch mehr.

Bedarf wecken

Oft können wir durch gezielte Bedarfserhebungsfragen auch einen schlummernd vorhandenen Bedarf wecken. Das ist etwas, was der Kunde brauchen könnte, wovon er selbst aber noch nichts weiß. Wenn der Kunde zum Beispiel beim Kauf eines Computers gar nicht weiß, dass es die Möglichkeit einer Garantiezeitverlängerung gibt, wird er durch die simple Frage »Was halten Sie von einer längeren Garantiezeit?« darauf aufmerksam gemacht.

Zusatzinformationen

Darüber hinaus bekommen wir noch eine ganze Menge Zusatz-
informationen, die für das weitere Verkaufsgespräch und die Lieferanten-Kunden-Beziehung in Zukunft von großem Nutzen sein können.

Fragen

Wahrscheinlich haben Sie sich schon einmal gedacht: »Dieser
Mensch geht mir auf die Nerven, der redet so viel.« Wenn nicht,
dann haben Sie zumindest den Satz schon von jemand anderem
gehört. Selten bis nie hören wir aber die Klage »Der geht mir auf die
Nerven, der hört so viel zu«. In der Praxis ist es leider noch sehr oft
so, dass wir Verkäufer viel zu viel Gesprächsanteil – sprich Redezeit –
im Verkaufsgespräch haben. Das kommt zum einen daher, dass die
eher extrovertierten und »redseligen« Menschen in den Verkauf
gehen. Zum anderen kommt es von der meist gut gemeinten Absicht,
den Kunden zu überzeugen und die tollen Vorteile und Nutzen des
Produkts oder der Lösung schmackhaft zu machen. Echten Profis
gelingt es, dem Kunden das Gefühl zu geben, dass »er sich etwas
gekauft hat«. Dabei hat der Verkäufer eher die Rolle eines Katalysa-
tors und Begleiters und nicht die Rolle desjenigen, der ihm etwas
»aufschwatzt«.

Ein kurzes Gedankenexperiment dazu:
Nehmen Sie sich bitte ein paar Sekunden Zeit und erinnern Sie sich
an eine Kaufentscheidung aus der Vergangenheit, mit der Sie auch
jetzt noch sehr zufrieden sind. Also an eine Situation, wo Sie sich
etwas gekauft haben, mit dem Sie heute noch viel Freude haben.
Bitte lesen Sie erst weiter, wenn Ihnen diesbezüglich etwas in den
Sinn kommt. Okay? Stellen Sie sich jetzt bitte vor, dass Sie von einer
Freundin gefragt werden: »Wo hast du das denn her?« Welche der
beiden unten stehenden Antwortformulierungen fällt Ihnen zu der
Situation spontan ein?

a) »Das hat mir der und der dort und dort verkauft.«
b) »Das habe ich mir von dem und dem dort und dort gekauft.«

Bei der überwiegenden Mehrzahl trifft die Variante b eher zu. Bevor wir zur Auflösung gehen, machen wir noch den zweiten Teil des Gedankenexperiments:

Erinnern Sie sich jetzt bitte an eine Kaufentscheidung, die Sie im Nachhinein sehr bereut haben. Lesen Sie erst weiter, wenn Sie eine gefunden haben. Okay? Welche der beiden Antwortalternativen (siehe oben) ist hier die wahrscheinlichere?

In der überwiegenden Mehrzahl der Fälle tendieren wir dazu, im Fall hoher Zufriedenheit die Variante b zu wählen und bei hoher Unzufriedenheit die Variante a. Weshalb ist das so? Wir übernehmen grundsätzlich nicht gerne die Verantwortung für Niederlagen und sind stolz auf unsere Siege. Das ist nichts Schlechtes, sondern eine menschliche Überlebensstrategie. Was bedeutet das aber für uns Verkäufer? Ganz klar, wenn wir zufriedene Kunden wollen, die uns weiterempfehlen und wieder bei uns kaufen, sollte unser Bestreben hauptsächlich in die Richtung b gehen. Also ist es unsere Aufgabe, dem Kunden zu helfen, die richtige Entscheidung zu finden, und nicht, ihn zu überzeugen, oder ihm etwas zu verkaufen. Auch sämtliche Frage-, Präsentations-, Einwand- und Abschlusstechniken klingen idealerweise nur wie eine angenehme Plauderei unter Freunden. Sobald der Kunde merkt, dass wir jetzt irgendwelche Kommunikationstechniken bei ihm anwenden, wird er skeptisch und misstrauisch werden.

Wir Verkäufer sind Profikommunikatoren. Das heißt, wir verdienen unser Geld zum Großteil mit Kommunikation. Viele glauben irrtümlicherweise, Sie wären dann bessere Kommunikatoren, wenn Sie viel und besser reden als andere. Das mag vielleicht bei Predigern und Nachrichtensprechern der Fall sein. Das sind auch Profikommunikatoren. Bei uns Verkäufern geht es aber mehr wie bei Psychologen und guten Journalisten darum, zuzuhören und die richtigen Fragen zu stellen. Idealerweise wenden wir dazu auch die passende Frageform an. Den riesigen Unterschied, den das macht, werden wir noch im Verlauf dieses Kapitels erkennen.

Unsere Kommunikationsinstrumente können wir durchaus vergleichen mit den Instrumenten in anderen Berufsgruppen. Profimusiker haben Musikinstrumente, Maler haben Pinsel, Leinwand und Farbe, Chirurgen haben chirurgische Instrumente. Bei einem einfachen chirurgischen Eingriff benötigt der Operateur nur wenige chirurgische Instrumente, die auch noch leicht zu unterscheiden sind. Bei einer kleinen Platzwunde zum Beispiel, die genäht werden muss, benötigt der Operateur nur eine Hand voll Instrumente. Je schwieriger und komplexer ein chirurgischer Eingriff ist, desto zahlreicher und komplizierter werden auch die Instrumente. Bei einer Bypass-Operation am offenen Herzen sind es gleich zwei bis drei große Tische, die steril abgedeckt und mit Instrumenten voll geräumt sind. Der Laie kann mit freiem Auge oft nicht einmal den Unterschied zwischen dem einen und dem anderen Instrument erkennen. Der Profi hingegen weiß genau, dass zum Beispiel dieses Messerchen noch eine kleine Biegung um 45 Grad hat, damit er in der und der Situation an dem und dem Nerv vorbeikommt. Das heißt, der Profi kennt nicht nur die unterschiedlichen Instrumente, sondern kann sie auch einsetzen. Auch unter Druck, wenn bei einer Operation zum Beispiel Komplikationen auftreten und dadurch Stress entsteht. Genauso ist es bei uns Verkäufern und dem kommunikativen Instrument.

Zur wichtigsten Instrumentengruppe gehören die Fragen. In der Kommunikationswissenschaft können wir über 100 verschiedene Fragetypen unterscheiden. In diesem Buch wollen wir uns mit fünf davon begnügen. Dabei geht es nicht nur darum, dass wir die verschiedenen Fragetypen kennen – was meistens der Fall ist –; sondern dass wir sie souverän und eben auch unter Stress beliebig einsetzen können. Das heißt, idealerweise können wir jeden Kontext und Sachinhalt in Sekundenbruchteilen in eine der verschiedenen Fragetypen umformulieren – gerade so, wie wir es brauchen. Sie können also idealerweise mitten im Gesprächsfluss damit spielen und improvisieren. Ähnlich einem Klaviervirtuosen, der nur deshalb am Klavier improvisieren kann und seine Zuhörerschaft damit fasziniert, weil er das Instrument und die Tonleiter perfekt beherrscht, sodass er sich darüber während des Spiels keinerlei bewusste Gedanken machen muss. Bei den Fragen geht das spielerisch kongende freie Improvisieren auch nicht von heute auf morgen, aber es lohnt sich, das zu üben.

Die wichtigsten Vorteile des virtuosen Beherrschens und auch des Einsatzes von gezielten Fragetechniken sind folgende:

- Durch Fragen können Sie das Gespräch lenken.
- Durch Fragen erfahren Sie die Wünsche und Motive Ihres Kunden.
- Durch Fragen signalisieren Sie Interesse am Gesprächspartner und seiner Welt.
- Durch den souveränen Einsatz der Fragetechniken hat der Kunde einen viel höheren Gesprächsanteil und fühlt sich bei Ihnen wohl und fasst schneller Vertrauen.

Nun zu den fünf angekündigten Frageformen, die wir idealerweise souverän beherrschen:

Geschlossene Fragen

Von einer geschlossenen Frage sprechen wir, wenn der Befragte mehr oder weniger nur mit Ja oder Nein antworten kann. Zum Beispiel: »Haben Sie den Auftrag schon vergeben?« Ja oder nein. Geschlossene Fragen sind im Großen und Ganzen gut dazu geeignet, Dinge kurz abzuchecken. Geschlossene Fragen sind allerdings nicht sehr gesprächsfördernd, weil im schlimmsten Fall der Dialog besteht aus: geschlossene Frage – ja – geschlossene Frage – nein – geschlossene Frage – ja ... Das heißt, bei zu vielen geschlossenen Fragen bekommt das Gespräch sehr schnell den Charakter eines Verhörs. Für die Bedarfserhebung sind geschlossene Fragen denkbar schlecht geeignet. Üben müssen wir die geschlossenen Fragen jedenfalls nicht, weil sie die meisten von uns eher zu oft als zu selten anwenden und wir daher alle darin ausreichend Praxis haben.

Offene Fragen

Bei den offenen Fragen bekommt der Befragte keine Antwort vorgegeben. Der Befragte muss fast frei formulieren. Für die Bedarfserhebung sind offene Fragen besonders geeignet, und der Gedankenprozess wird beim Befragten stimuliert. Angenommen, ich frage Sie: »Wie hat Ihnen Ihr letzter Urlaub gefallen?« Da werden sofort – sofern das Gesprächsklima okay ist – in Ihrem Kopf Erinnerungen an den letzten Urlaub in Form von Bildern, Tönen, Gefühlen etc. auftauchen. Das heißt mit anderen Worten, der Fragende (in dem Beispiel ich ;-)) hat Ihre Gedanken mutwillig in Richtung Ihres letzten Urlaubs geschickt, ohne dass Sie das vor ein paar Sekunden noch beabsichtigt hatten. Das bedeutet, Sie verfügen mit guten offenen Fragen über ein sehr mächtiges Kommunikationsinstrument, das noch immer von vielen völlig unterschätzt wird.

Im Deutschen (wie zum Teil auch im Englischen) sind offene Fragen meist W-Fragen. Wer? wie? wo? wann? was und warum?. Eines dieser Fragewörter ist potenziell riskant. Sie wissen es wahrscheinlich schon. Genau – das »Warum?« ist ein gefährliches Fragewort. Die Gefahr liegt darin, dass durch die Frage »Warum?« beim Befragten oft eine Art Rechtfertigungsdruck entsteht. Eine derart formulierte Frage hat einen inquisitorischen Beigeschmack und kann beim Befragten Zurückhaltung bewirken. Wir empfehlen deshalb, sie im Zweifel einfach wegzulassen. Fragen Sie stattdessen einfach: »Was waren Ihre Beweggründe?« Oder: »Was hat Sie zu dieser Entscheidung oder Ansicht gebracht?«

Alternativfragen

Die dritte Frageform ist die der so genannten Alternativfragen. »Möchten Sie die Lieferung heute, oder reicht es nächste Woche?« Diese Frage bietet zwei Alternativen. Alternativfragen sind gut geeignet, um zum Beispiel den Verkauf abzuschließen. Sie können damit auch einen Gesprächspartner, der ständig von einem Thema zum anderen springt und schwer beim roten Faden zu halten ist, wieder zum Thema zurückholen. Verwenden Sie Alternativfragen allerdings in vernünftigen Dosen, also nicht zu häufig. Ansonsten fühlt sich Ihr Kunde in eine Richtung getrieben, speziell, wenn eine Alternativfrage die andere jagt. Punktgenau an der richtigen Stelle eingesetzt, sind Alternativfragen sehr nützliche Werkzeuge.

Rückkoppelungsfragen

Die vierte Frageform ist die der so genannten Rückkoppelungsfragen. Dabei koppeln Sie zurück zu etwas, was Ihr Kunde so gesagt hat oder Sie so verstanden haben oder was Sie ihm so unterstellen. Zum Beispiel fragen Sie:»Wenn ich Sie richtig verstehe, möchten Sie vor der Inbetriebnahme einen zweiwöchigen Testlauf?« Oder ein anderes Beispiel:»Sie sagten anfangs, dass Ihrer Erfahrung nach die Multiscanner-Methode Kosten sparen hilft?«

Diese Frageform ist besonders geeignet für das, was wir das aktive Zuhören nennen. Mehr dazu gleich im nächsten Kapitel. Die Rückkoppelungsfrage signalisiert Interesse am Gesprächspartner beziehungsweise Kunden und ist auch ein simpler Check, ob Sie Ihren Gesprächspartner richtig verstanden haben. Die Wirkung beim Kunden oder Gesprächspartner geht weit darüber hinaus. Das Unterbewusstsein des Kunden hört plötzlich die eigenen Worte und Formulierungen in Frageform aus dem Mund des Verkäufers und signalisiert an das Bewusstsein:»Wir können dem Menschen trauen, der spricht unsere Sprache.«

Suggestivfragen

Die fünfte Frageform ist die der so genannten Suggestivfragen. Der Verkäufer suggeriert eine Antwort als (einzig) richtig. So zum Beispiel:»Finden Sie nicht auch, dass Sie diese Gelegenheit sofort nutzen sollten?« Wenn wir selber in der Kundenrolle sind, fühlen wir uns bei solchen Fragen oft nicht so wohl. Daher empfehlen wir von VBC, Suggestivfragen einfach wegzulassen. Im professionellen Verkauf haben diese unserer Meinung nach nichts verloren.

Falls Sie das nicht schon gemacht haben, nehmen Sie sich am besten gleich im Anschluss an dieses Kapitel ein paar Minuten Zeit und formulieren Sie sieben bis zehn offene Bedarfserhebungsfragen. Fragen, die Sie verwenden können, um den Bedarf bei Ihrem Kunden abzuklopfen.

Beachten Sie bei den offenen Fragen auch die Möglichkeit, den Öffnungswinkel zu justieren. Grundsätzlich empfiehlt es sich, am Beginn eines Gesprächs mit einem breiten Öffnungswinkel zu beginnen. Fragen wie zum Beispiel:»Was kann ich für Sie tun?« haben einen sehr breiten Winkel, und je nachdem, welche Antwort dann folgt, können Sie den Winkel enger machen. Die Formulierung»Wie lösten Sie diese Aufgaben bisher?« hat schon einen etwas engeren Winkel. Wenn Sie fragen:»Wann ist diese Situation zum letzten Mal aufgetaucht?«, ist der Winkel schon sehr eng und nur mehr auf die Zeitachse fokussiert. Profis können nicht nur jeden Inhalt sofort in die unterschiedlichsten Frageformen umformulieren, sondern auch bei den offenen Fragen den Winkel bewusst anpassen.

SPIN-Technik

Der Amerikaner Neil Rackham hat bereits vor über 20 Jahren bei seinen Studien herausgefunden, dass richtige Fragen eine signifikant höhere Erfolgschance im Verkauf bieten als alle anderen Präsentations- oder Abschlusstechniken, seien sie auch noch so ausgeklügelt.

Die vier Buchstaben aus dem Wort »SPIN« sind die Anfangsbuchstaben von unterschiedlichen Fragekategorien, die Neil Rackham aufgrund seiner Erforschung definiert hat. Im Wesentlichen handelt es sich um unterschiedliche Typen von Bedarfsfragen, die in den meisten Fällen als offene Fragen formuliert werden.

Neil Rackham hat also als Erster wissenschaftlich bewiesen, dass es wesentlich mehr Erfolg bringt, wenn man im Verkauf richtig zuhört und die richtigen Fragen stellt. Dazu möchte ich ergänzen, dass in der amerikanischen Verkaufsliteratur und -praxis tendenziell ein direkterer und aggressiverer Stil vertreten wird. Bedauerlicherweise werden in unseren Breiten gerade in letzter Zeit wieder so vermeintlich neue (eigentlich alter Wein in neuen Schläuchen)»Macho-selling«-Tendenzen hochgejubelt.

Wobei Rackham ganz bewusst unterscheidet, ob es sich um Einkäufe von geringem materiellem Wert handelt (Verbrauchsgüter des täglichen Bedarfs) oder um Kaufentscheidungen von größerem Ausmaß. So hat er zum Beispiel in einer Praxisstudie beobachtet und nachgewiesen, dass in einer Elektrohandelskette nach einem gezielten Verkaufsabschlusstraining Unterschiedliches zu beobachten war.

Bei Mitnahmeprodukten von geringem Wert (zum Beispiel Batterien, Filmrollen etc.) ergab sich nach dem »reinen« Verkaufsabschlusstraining eine Umsatzsteigerung. Bei erklärungsbedürftigen Produkten (Küchengeräte, Fernsehgeräte etc.) ist der Umsatz jedoch zurückgegangen. Rackham hat somit bewiesen, dass Fragestellen und Zuhören dann zu mehr Verkaufserfolg führen, wenn es sich um Kaufentscheidungen handelt, die über ein paar Euro hinausgehen (das Buch von Rackham finden Sie auch in der Literaturliste).

Im 8-Stufen-Buch (das Sie gerade lesen ;-)) behandle ich in erster Linie das höherwertige Verkaufssegment, wo es um mehr als nur ein paar Euros geht. Das Segment also, in dem professionelles Fragen seit Rackham sozusagen wissenschaftlich erwiesen zu mehr Erfolg führt.

Bedarfsfragenkatalog

Professionelle Verkäufer haben einen gut gewarteten, persönlichen Katalog an Bedarfsfragen, den sie je nach Gesprächssituation und Kunde unterschiedlich einsetzen können. Achten Sie darauf, dass die Fragen alle offen formuliert sind und dass Sie am Beginn des Gesprächs mit einem breiten Öffnungswinkel beginnen, den Sie mit zunehmendem Gespräch enger einstellen.

Praxisbeispiele für offene Bedarfsfragen:
- Wie läuft Ihr Geschäft? (sehr breiter Winkel)
- Welche Märkte sind Ihnen wichtig? (breiter Winkel)
- Wer ist Ihr derzeitiger Hauptlieferant? (engerer Winkel)
- Welche Strategie verfolgen Sie in diesem Marktsegment? (mittlerer Winkel)
- Unter welchen Voraussetzungen würden Sie den Lieferanten wechseln/einen neuen Lieferanten dazunehmen? (mittlerer Winkel)

- Wie wurden solche Situationen bisher gelöst? (engerer Winkel)
- Was erwarten Sie sich von einem Toplieferanten? (mittlerer Winkel)
- Worauf legen Sie in dem Zusammenhang ganz besonderen Wert? (engerer Winkel)

Das sind nur einige allgemein gehaltene Frageformulierungen. Nehmen Sie sich Zeit, um gute Frageformulierungen für Ihr eigenes Geschäft zu finden. Vor jedem Verkaufsgespräch schreiben Sie sich dann jene heraus, die Sie verwenden wollen. Wenn Sie mit dem Formulieren der Fragen schon sehr sicher sind, reicht es völlig aus, nur noch Stichwörter auf den Zettel zu schreiben. Allerdings bitte nie ohne schriftliche Vorbereitung zum Kunden gehen (siehe auch Kapitel 2 »Besuchsvorbereitung«).

Vermeintlich offene Fragen

Was ich beim Training oder in der Praxis sehr oft sehe oder vielmehr höre, sind gute Bedarfserhebungsfragen, die »geschlossen« formuliert sind, von denen die Verkäufer aber glauben, es wären offene Fragen. Das ist deshalb so gefährlich, weil in vielen Fällen Kunden auch auf geschlossene Fragen ausgiebig antworten. Immer dann, wenn sie von sich aus Interesse am Gespräch haben und sich auch in der Situation wohl fühlen. Bei solchen Gesprächen macht es in der Tat nicht sehr viel aus, wenn die Frage geschlossen formuliert ist. Schlimm daran ist nur, dass wir Verkäufer uns diese Fragen angewöhnen und dem Irrtum anheim fallen, wir hätten gute, offene Bedarfserhebungsfragen gestellt.

Jetzt werden Sie fragen: »Wenn der Kunde ohnehin bereitwillig Auskunft gibt, wo liegt dann das Problem?« Das Problem liegt bei jedem vierten oder fünften Kunden, der auf die geschlossenen Fragen eben nur mit Ja oder Nein antwortet und bei dem der Verkäufer dabei nicht merkt, dass er geschlossene Fragen stellt. Der Verkäufer denkt sich dann: »Was ist das für ein mühsamer Typ, dem muss ich die Würmer aus der Nase ziehen, der ist ja extrem einsilbig!«

Praxisbeispiel:

Variante 1 (Kunde fühlt sich wohl und gibt bereitwillig Auskunft):
Verkäufer:»Sind Sie mit der jetzigen Lösung zufrieden?«
Kunde:»Im Großen und Ganzen läuft eigentlich alles recht rund, und so viel ich weiß, haben wir die Kosten auch im Griff.«
Verkäufer:»Gab es in der Vergangenheit schon einmal Probleme mit der Endfertigung?«
Kunde:»Ja, jetzt, wo Sie mich fragen. Wir hatten vor drei Wochen eine Situation, wo einer unserer Kunden eine komplette Lieferung reklamierte. Das war sehr unangenehm, aber ich denke, unsere Techniker haben das dann bereinigt.«
Verkäufer:»Produzieren Sie in Ihrem Werk in China auch mit diesem Verfahren?«
Kunde:»Nicht nur in China. Auch in unserer brasilianischen Tochterfima verwenden wir genau dieselbe Methode.«

Variante 2 (Kunde ist weniger redselig):
Verkäufer:»Sind Sie mit der jetzigen Lösung zufrieden?«
Kunde:»Ja.«
Verkäufer:»Gab es in der Vergangenheit schon einmal Probleme mit der Endfertigung?«
Kunde:»Nein.«
Verkäufer:»Produzieren Sie in Ihrem Werk in China auch mit diesem Verfahren?«
Kunde:»Ja«.

Im zweiten Fall wird der Verkäufer höchstwahrscheinlich frustriert sein und glauben, dass der Kunde ihn nicht mag oder besonders mühsam ist. In Wirklichkeit hätte er nur offene Fragen formulieren sollen.

Als kleine Gehirnjoggingübung können Sie, bevor Sie weiterlesen, die vorigen drei Verkäuferfragen gleich in offene Fragen umformulieren.

Beispielhafte offene Formulierungen der vorigen Fragen sind (es gibt meist mehrere offene Varianten):
Statt geschlossen:»Sind Sie mit der jetzigen Lösung zufrieden?«
Offen:»Wie zufrieden sind Sie mit der jetzigen Lösung?«

Oder:»Wie funktioniert die jetzige Lösung aus Ihrer Sicht?«
Oder:»Welche Erfahrung haben Sie mit der jetzigen Lösung gemacht?«
Oder:»Wie stehen Sie persönlich zur jetzigen Lösung?«

Statt geschlossen:»Gab es in der Vergangenheit schon einmal Probleme mit der Endfertigung?«
Offen:»Welche Probleme gab es in der Vergangenheit mit der Endfertigung?«
Oder:»Wann hat es schon einmal Probleme mit der Endfertigung gegeben?«
Oder:»Welche Erfahrungen haben Sie in der Vergangenheit mit der Endfertigung gemacht?«

Statt geschlossen:»Produzieren Sie in Ihrem Werk in China auch mit diesem Verfahren?«
Offen:»Nach welchem Verfahren produzieren Sie in Ihren anderen Werken?«
Oder:»Wie produzieren Sie in China?«
Oder:»Wo produzieren Sie noch nach diesem Verfahren?«

Sie sehen, in offenen Formulierungen gibt es immer mehrere Möglichkeiten, nicht nur, wie weit Sie den Öffnungswinkel der Frage halten, sondern auch, wohin der Winkel zeigt. Stellen Sie sich den Scheinwerfer einer Theaterbühne vor. Einen von diesen starken und kräftigen Spots, bei denen Sie den Lichtkegel – also den Winkel – beliebig einstellen können. Angenommen, die Zuschauer sitzen im Theater, und in wenigen Augenblicken beginnt die Vorstellung auf der Bühne. Das Licht im Zuschauerraum geht aus, und es ist für einige Sekunden ganz dunkel. Dann wird der Scheinwerfer eingestellt, und er hat einen breiten Öffnungswinkel, sodass Sie einen Blick auf die ganze Bühne erhaschen. In einer Ecke der Bühne spielt sich etwas Interessantes ab, und der Scheinwerfer wird dorthin »fokussiert« – der Lichtkegel also verengt. Genauso können Sie in der Bedarfserhebung verfahren, indem Sie am Anfang des Gesprächs einen weiten Öffnungswinkel bei Ihren Fragen verwenden (zum Beispiel:»Welches Produktsortiment führen Sie?«), um dann bei interessanten Aspekten in eine bestimmte Richtung zu fokussieren (zum Beispiel:»Welche Erfahrung haben Sie mit dem neuesten Modell in Knallgelb?«).

Das Schöne an kommunikativen Instrumenten im Allgemeinen und den Fragetechniken im Besonderen ist, dass man sie fast in jeder Alltagssituation üben kann. Wir müssen also nicht auf das nächste Kundengespräch warten, um die verschiedenen Öffnungswinkel von offenen Fragen oder die Umformulierung von offenen Fragen in Alternativfragen und Rückkoppelungsfragen zu üben. Wir können das jederzeit tun mit Freunden, der Familie, mit Arbeitskollegen und auch Fremden. Nutzen Sie diese Möglichkeiten und Sie werden schon bald erleben, dass Sie immer virtuoser damit werden. Ihre Gespräche werden an Kraft gewinnen und Sie werden dadurch insgesamt noch erfolgreicher!

Aktives Zuhören

Aktives Zuhören ist eine Technik aus der Psychotherapie. Das Instrument wurde von der Mailänder Universitätsklinik für Familien- und Kindertherapie in den 80er-Jahren des letzten Jahrhunderts erstmals wissenschaftlich beschrieben. Entwickelt wurde das aktive Zuhören, um mit Menschen (Patienten) in Kontakt zu treten, die – aus welchem Grund auch immer – sehr verschlossen sind und andere Menschen nicht leicht an sich heranlassen. Für uns Verkäufer, die wir normalerweise mit psychisch gesunden Menschen zu tun haben, hat sich diese Methode ideal bewährt. Damit können wir bewusst das herbeiführen, was wir landläufig meinen, wenn wir sagen: »Zwischen uns hat die Chemie gestimmt.« Die Methode bewirkt also, dass wildfremde Menschen sehr schnell Vertrauen schöpfen. Ich selbst bin auch heute noch immer wieder überrascht, wie schnell (oft nach 15 bis 20 Minuten) wildfremde Menschen einem ihr Herz ausschütten. Zum aktiven Zuhören möchte ich auch noch auf das Buch einer Trainerkollegin, Heidi M. Zöllig, »Verkaufen durch richtiges Zuhören«, verweisen, das Sie ebenfalls in der Literaturliste finden.

Woraus besteht also diese Methode?

Sie besteht aus drei grundsätzlichen Aspekten. Zum einen aus der richtigen Einstellung und der richtigen inneren Haltung und zum zweiten aus dem körpersprachlichen Spiegeln und zum dritten aus den funktionalen und technischen Aspekten.

Die richtige Einstellung und die richtige innere Haltung

Das Instrument funktioniert dann ideal, wenn wir uns wirklich für unseren Gesprächspartner Zeit nehmen und den Menschen, den wir vor uns haben, als gleichwertigen Partner mit all seinen Vor- und Nachteilen akzeptieren und respektieren. Das Instrument funktioniert nur sehr eingeschränkt, wenn wir dem Anderen mit Misstrauen und Vorbehalten begegnen oder sonst irgendwie reserviert gegenübertreten (siehe dazu auch Kapitel 1 Persönliche Einstellung – Ich bin okay, du bist okay). Des Weiteren ist es wichtig, dass wir uns für das Gespräch Zeit nehmen und körpersprachlich unserem Gesprächspartner signalisieren »Ich bin jetzt nur für Dich da, ich habe ausreichend Zeit, was Du sagst und willst, ist mir wichtig.«.

Körpersprachliches Spiegeln des Gesprächspartners

Unter Spiegeln (von Psychologen auch »Rapport« genannt) verstehen wir, dass wir unsere Körpersprache auf die unseres Gesprächspartners abstimmen. Damit ist nicht sklavisches Nachäffen gemeint, sondern dass wir uns in Sitzposition, in Gestik, aber auch in der Geschwindigkeit der Gestik oder der Bewegungen auf den Gesprächspartner einstimmen und mit ihm in Entsprechung gehen. Dazu noch etwas mehr am Ende dieses Kapitels, wenn es um die Spiegelneuronen geht.

Die funktionalen und eher technischen Aspekte

- Guter Augenkontakt
- Kopfnicken (körpersprachliche Bestätigung signalisieren)
- Bestätigungsmurmeln (Mhm)
- »Ja«-Bestätigung
- Lächeln (wenn angebracht)
- Eventuell Notizen machen (in Verkaufsgesprächen fast immer angebracht)
- Kundenaussagen sinngemäß in seinen Worten wiederholen (paraphrasieren)
- Rückkoppelungsfragen stellen (siehe Frageteil)

Wenn man diese Einzelteile so liest, klingt das relativ simpel. Aber es bedarf doch einiger Übung, damit es rund funktioniert. Am meisten

Schwierigkeiten bereitet in der Praxis das Paraphrasieren, also das Wiederholen der Kundenaussage. Als Einwand wird von Verkäufern oft ins Treffen geführt, dass wir ja keine Papageien seien und wir uns schwer täten, die Sachen des anderen nachzuplappern. Aber Achtung: Ohne Paraphrasieren ist das aktive Zuhören kein aktives Zuhören. Das Instrument funktioniert wie ein Kochrezept. Bei einem Kochrezept können wir auch nicht einfach das Fleisch und die Zwiebeln weglassen und behaupten, es wäre noch dasselbe Gericht. Es ist dann etwas ganz anderes. So auch beim aktiven Zuhören. Beim Paraphrasieren geht es also nicht darum, den kompletten Satz wortwörtlich in derselben Satzstellung sklavisch zu wiederholen. Vielmehr geht es darum, in denselben Worten des Kunden Satzteile zu wiederholen.

Beispiel Paraphrasieren:
Kunde: »Wir haben in der letzten Aufsichtsratssitzung beschlossen, in diesem Jahr einen eigenen Budgetposten für Kundenzufriedenheit zu installieren.«
Verkäufer: »Ich verstehe, Sie haben im Aufsichtsrat einen Budgetposten für Kundenzufriedenheit beschlossen.«

Achtung: Wenn der Verkäufer einzelne Wörter umformuliert (zum Beispiel Geschäftsleitung statt Aufsichtsrat), wird es schon schwieriger. Unter anderem geht es nämlich bei der Methode darum, dass das Unterbewusstsein unseres Gesprächspartners dieselben Worte aus unserem Mund hört. Stark simplifiziert kann man sagen, dass das Unterbewusstsein unseres Kunden an das Bewusstsein im Erfolgsfall folgende Meldung macht: »Aha, der spricht unsere Sprache. Das muss ein Freund sein. Dem können wir vertrauen.«

Auch am aktiven Zuhören ist das Schöne, dass Sie es in fast jedem Alltagskontext üben können, wieder mit der Familie, mit Ihren Kindern, mit den Arbeitskollegen, mit Freunden und Bekannten. Versuchen Sie, in der ersten Zeit möglichst viel zu paraphrasieren, und übertreiben Sie es bewusst. Sie werden erstaunt sein, dass Sie fast durchwegs positives Feedback bekommen nach dem Motto: »Danke, das war ein interessantes Gespräch« oder »Es war sehr schön, wieder einmal mit dir auf diesem Niveau zu plaudern« oder »Vielen Dank. Bei dir fühle ich mich am wohlsten, und mit dir kann man auch über persönliche Dinge reden«.

Kaufmotive

In der Motivforschung analysieren Wissenschaftler die bewussten und unbewussten Beweggründe von Entscheidungen und Handlungen. Sie analysieren Menschen in ihrem Fühlen, Denken, Entscheiden und Wollen. Profiverkäufer sind in gewisser Hinsicht auch Motivforscher. Wenn wir also in der Bedarfserhebung verschiedene Fragen stellen, suchen wir nicht nur nach den Wünschen und Bedürfnissen – wie vorher beschrieben –, sondern auch nach den Motiven unserer potenziellen Kunden. Das heißt einfach gesagt: Menschen kaufen ein Produkt oder eine Dienstleistung nicht nur, weil es logisch ist und Sinn macht.

Nehmen wir an, wir Menschen würden ausschließlich nach rein rationalen Beweggründen entscheiden, wir würden sozusagen nach einem inneren Excel-Sheet mit verschiedenen Kriterien und einem Punktesystem bewerten. Dann gäbe es bei weitem nicht diese Vielfalt an Waren und Lösungen, unsere Produktauswahl würde jener der ehemaligen kommunistischen Länder entsprechen. Es gäbe nicht zigtausend verschiedene Automodelle, sondern vielleicht vier oder fünf jeweils »rationell« optimale. Eines für eine Familie mit zwei Kindern, ein anderes vielleicht für Einzelpersonen oder für DINKs (double income no kids – Paare ohne Kinder). Ein drittes für jemanden, der Arbeitsutensilien und Material damit transportieren muss, und vielleicht ein viertes für schwieriges Gelände. Dasselbe gilt natürlich auch für alle anderen Produkte und Lösungen. Seien es Elektrohaushaltsgeräte, Ferienreisen, Computer oder Bekleidung. Wir Menschen entscheiden also nicht nach logischen Kriterien. Im Gegenteil, Kaufentscheidungen werden zum überwiegenden Teil (Psychologen, Experten und Motivforscher kommen auf Ergebnisse zwischen 80 und bis zu 95 Prozent) emotional (also gefühlsmäßig) getroffen und nur zu einem verschwindend kleinen Prozentsatz rational. Bei Modeartikeln, Schmuck und Urlaubsreisen sehen wir das ja noch eher ein. Allerdings haben Untersuchungen selbst bei so emotionslosen und technischen Produkten wie Mainframe-Computern ergeben, dass die anthrazitgrauen lieber gekauft werden als die beigefarbenen. Und das, obwohl solche Geräte in hermetisch abgeriegelten, klimatisierten und erdbebensicheren Tresoren ihre Arbeit tun, wo sie fast niemand zu Gesicht bekommt.

In der **quantitativen Motivforschung** werden Häufigkeit und Verteilung unterschiedlicher Profile in der Bevölkerung evaluiert und beforscht. Das geht für das Verkaufsgespräch natürlich ein bisschen zu weit. Was für uns Verkäufer in der Praxis interessant ist, sind mögliche Kaufmotive einer Person, mit der wir uns in einem direkten Gespräch befinden. Je nachdem, wie grob oder fein man die Unterscheidung macht, kann man entweder zwei bis drei Grund- und Überlebensbedürfnisse unterscheiden. Oder detailliert heruntergebrochen bis zu 100 verschiedene Kauf- und Entscheidungsmotive beschreiben. Wir bei VBC haben uns auf sieben Kaufmotive eingependelt. Damit kommen wir in 99 Prozent der Praxisfälle gut zurecht und behalten noch den Überblick.

Kaufmotiv 1: Gesundheit

Wir Menschen kaufen manche Produkte, um unsere Gesundheit zu erhalten, wieder herzustellen oder zu schützen. Plakative Beispiele sind medizinisch-pharmazeutische Produkte, biologisch-dynamisch gewachsenes Obst und Gemüse, Schlankheitskuren, Wellness-Urlaube, Fitness-Club-Mitgliedschaften etc.

Kaufmotiv 2: Sicherheit und Schutz

Beim Kaufmotiv Sicherheit und Schutz geht es um das Bedürfnis, sich selbst, seinen Nächsten oder sein Unternehmen und die Mitarbeiter vor etwaigen Gefahren, Risiken oder Verlusten usw. zu schützen. Plakative Beispiele dafür sind Sicherheitsschlösser, Alarmanlagen, Airbags, Versicherungen etc.

Kaufmotiv 3: Gewinnstreben

Einzelpersonen, aber auch Organisationen und Unternehmen streben nach Maximierung ihres Gewinns. Plakative Beispiele dafür sind moderne Softwareprodukte zur Erhöhung der Arbeitseffizienz, Kapitalinvestitionen für erhöhten Produktionsausstoß, Investmentfonds mit hoher Gewinnerwartung etc.

Kaufmotiv 4: Angst vor Verlusten

Menschen mit der Angst vor Verlusten geht es zwar möglicherweise auch um monetäre Aspekte – also um Geld. Aber nicht so sehr um die Gewinnmaximierung, sondern um die Absicherung eines bestehenden Ertrags. Plakative Beispiele dafür sind Betriebsunterbrechungsversicherungen, Hedgefonds etc.

Kaufmotiv 5: Bequemlichkeit und Erleichterung

Schon seit einigen Jahren gibt es eine ständig wachsende Anzahl von so genannten Convenienceprodukten. Das sind Produkte, die uns das Leben leichter machen sollen und unserem Hang nach Bequemlichkeit entgegenkommen. Plakative Beispiele dafür sind Fertiggerichte, Hauszustellungen, Just-in-time-Lieferungen, Outsourcing von komplexen Arbeitsabläufen etc.

Kaufmotiv 6: Eigentumsstolz

Manchmal kaufen wir auch Dinge, die wir im Leben einfach besitzen wollen, weil uns das »Haben« alleine schon stolz macht und wir damit ein gewisses Prestige verbinden. Plakative Beispiele für solche Statussymbole sind Luxusautos, die (insgesamt fünfte) handgemachte Schweizer Uhr, Kunst, Antiquitäten etc.

Kaufmotiv 7: Emotionale Befriedigung

Manchmal kaufen oder konsumieren wir Produkte, weil es uns ein Gefühl der Freude, der Befriedigung oder Belohnung vermittelt. Beispiele dafür können sein: Kino, Theater, Konzertbesuche, ein Essen in einem Gourmetrestaurant etc.

Für uns Verkäufer ist es nun besonders wichtig, in der Bedarfserhebung herauszuhören, welches Motiv für unseren Kunden am ehesten infrage kommt. Das ist deshalb so wichtig, weil ein und dasselbe

Produkt mehrere verschiedene Kaufmotive ansprechen kann. Das heißt, dass wir diese Information dann in der Präsentationsphase verwenden, um »motivorientiert« zu präsentieren. Mehr dazu erfahren Sie im Kapitel 5 »Präsentation«, und zwar unter dem Punkt »MNC-Methode«.

Praxisbeispiel:
Sie gewinnen in der Bedarfserhebung zum Beispiel von Ihrem Kunden den Eindruck, dass seine Kaufmotive Bequemlichkeit und Erleichterung sind (er erzählt beispielsweise in einem Nebensatz, dass er gerne Autos mit Automatikgetriebe fährt, weil es das Fahren viel bequemer macht, und von seinem bequemen Fernsehsessel mit elektrisch verstellbarer Rückenlehne etc.). Dann ist es vielleicht unangebracht, gleich an sein »Gewinnstreben« zu appellieren. In dem Fall haben Sie höhere Erfolgschancen, wenn Sie Ihr Angebot unter dem Licht der Bequemlichkeit und Erleichterung präsentieren. Welche Arbeitsläufe er sich zum Beispiel erspart und um wie viel einfacher sein Leben wird, wenn er bei Ihnen kauft …

Praxistipp:
Denken Sie in einer ruhigen Minute an Ihre wichtigsten Produkte und/oder Dienstleistungen und überlegen Sie sich idealerweise ein Argument für jedes einzelne der sieben Kaufmotive. Es ist verständlich, dass man nicht immer für alle Produkte beziehungsweise Dienstleistungen ein Argument zu jedem Kaufmotiv findet. Aber mit ein bisschen Zeit und Kreativität lässt sich doch einiges machen. Schreiben Sie diese Argumente dann auf und formulieren Sie daraus auch motivorientierte Nutzenargumente. Das wiederum am besten als MNC-Schleife (mehr dazu im Kapitel 5 »Präsentation«, und zwar unter dem Punkt »MNC-Methode«).

Kunden qualifizieren

Ein immer wieder unterschätzter Aspekt der Bedarfserhebung ist die Qualifikation von potenziellen Kunden. Das heißt, nicht jeder, bei dem wir einen Termin bekommen und mit dem wir ein Bedarfserhebungsgespräch führen, ist auch wirklich ein möglicher Kunde für uns.

Daher klären wir in der Bedarfserhebung auch ab, ob das, was wir zu bieten haben und was wir dafür an Geld wollen, für unseren Kunden überhaupt brauchbar, machbar und finanzierbar ist. Bei Firmen und institutionellen Kunden ist in dem Zusammenhang auch wichtig abzuklopfen, ob wir tatsächlich mit der richtigen Person zusammensitzen. Achtung: Das heißt nicht, dass wir nur mit den Entscheidungsträgern zusammensitzen und alle anderen links liegen lassen. Aber es ist gut zu wissen, welche Möglichkeiten der Entscheidung und/oder Einflussnahme mein Gesprächspartner in seiner Organisation hat. Im schlimmsten Fall kommen Sie darauf, dass Ihr Produkt oder Ihre Dienstleistung entweder derzeit nicht oder überhaupt nicht für diesen Kunden infrage kommt. Dann brechen wir zwar nicht sofort das Gespräch ab, aber wir versuchen doch zu einem baldigen freundlichen Ende zu kommen, und überlegen gegebenenfalls noch, ob dieser Kunde uns vielleicht eine Empfehlung geben kann. Je nachdem, welches Kundenpriorisierungsinstrumentarium Sie verwenden, werden Sie diesen Kunden dann als C- oder D-Kunden qualifizieren und möglicherweise in etwas größeren Zeitabständen telefonisch mit ihm in Kontakt bleiben. Das kann unter Umständen auch an Verkaufsinnendienstkollegen delegiert werden. Das lose »in Kontakt bleiben« hat den Sinn, rechtzeitig zu erkennen, wenn sich die grundlegenden Voraussetzungen beim Kunden ändern.

Praxistipp:
Eine der besten Qualifizierungsvarianten ist eine Frage in etwa folgender Formulierung:»Lieber Kunde, nur einmal angenommen, ich könnte das Produkt oder die Dienstleistung XY in der genau von Ihnen gewünschten Variante (plus eventuell einen Vorteil gegenüber Ihrer jetzigen Lösung) liefern. Würden Sie unter diesen Umständen bei mir kaufen?«

Diese Formulierung wirkt wahre Wunder. Sie bekommen nämlich jetzt noch einmal die wichtigsten Kriterien für Ihre anschließende Produktpräsentation. Oder aber Ihr Kunde nennt jetzt die Gründe, warum er nicht bei Ihnen kaufen will. Wenn das Gründe sind, die Sie nicht aus dem Weg schaffen können, hat sich dieser Kunde nicht qualifiziert, und Sie tun besser daran, Ihre Zeit in andere potenzielle Kunden zu investieren.

Das Geheimnis der Spiegelneuronen

Professor Joachim Bauer, ein berühmter Internist, Psychiater und Psychotherapeut aus Freiburg, beschreibt in seinem Buch »Warum ich fühle, was du fühlst« (siehe Literaturliste) das Geheimnis der so genannten Spiegelneuronen. Der neueste Stand der Wissenschaft wird in diesem Buch erstmals »populärwissenschaftlich« erklärt. Das heißt so verständlich, dass auch ich als Durchschnittsverbraucher das verstehe. Den Neurologen und Gehirnforschern ist nunmehr wissenschaftlich die Erklärung dessen gelungen, was in verschiedenen Schulen der Psychologie schon seit Jahren beobachtet und teilweise gelehrt wird. Das Phänomen des Spiegeln oder des so genannten Rapport.

Für uns im Verkauf sind diese Erkenntnisse und deren Anwendung von immenser Bedeutung. Worum geht es bei der Thematik also? Professor Bauer erklärt im erwähnten Buch, dass wir in unserem Gehirn spezielle Nervenzellen – die Spiegelneuronen – haben, welche in einem komplexen Wechselspiel mit verschiedenen Gehirnarealen ganz erstaunliche Dinge bewirken. Sehr vereinfacht könnte man sagen, dass Spiegelneuronen dafür sorgen, dass wir Menschen beim Beobachten einer anderen Person, die eine bestimmte Handlung ausführt, gedanklich dieselbe Handlung nachvollziehen und nachempfinden. Das Ganze läuft – verglichen mit Computersystemen – in einer unglaublichen Geschwindigkeit und Rechenleistung **unbewusst** und **unwillentlich** ab. Das klingt sehr abstrakt – daher ein paar simple Beispiele, die wir alle aus dem Alltag kennen.

Praxisbeispiele:

Wenn mehrere Menschen in einem Raum sind und einer beginnt zu gähnen, greift das plötzlich wie eine Epidemie um sich. Ohne dass wir es wollen, gähnen wir mit.

Wenn Sie beobachten, wie Eltern ihr Baby füttern, sehen Sie, dass die Eltern selbst demonstrativ den Mund öffnen, wenn sie den Löffel zum Mund ihres Babys führen. Ihr Baby ahmt dies nach und bekommt damit den Löffel in den Mund.

Ein frisch verliebtes Paar sitzt im Café, und beide greifen fast zeitgleich zur Kaffeetasse oder zur Zigarette, sitzen in ähnlicher Haltung und Sitzposition und merken gar nicht, dass sie sich wie Spiegelbilder verhalten.

In dem Zusammenhang ist auch ein wissenschaftliches Experiment aus Schweden interessant, das Professor Bauer in seinem Buch anführt. Dieses Experiment wurde von Professor Ulf Dimberg von der Universität in Uppsala bereits vor der Entdeckung der Spiegelneuronen durchgeführt. Dimberg wollte Imitations- und Resonanzphänomene wissenschaftlich untersuchen. Zu dem Zweck wurden Testpersonen auf einem Bildschirm menschliche Gesichter gezeigt. Die Probanden wurden gebeten, möglichst neutral zu bleiben und keine Miene zu verziehen. Jedes Bild wurde nur eine halbe Sekunde lang auf dem Bildschirm gezeigt und nach einer kurzen Pause bereits das nächste. Bei den Testpersonen wurden die Aktivitäten der Gesichtsmuskeln mit elektronischen Sensoren genau gemessen.

Das Ergebnis war, dass die Testpersonen nur so lange neutral blieben und keine Regung ihrer Gesichtsmuskeln messbar war, solange ihnen Fotos von Menschen mit neutralem Gesichtsausdruck gezeigt wurden. Sahen sie aber (nur eine halbe Sekunde lang!) ein lächelndes Gesicht, stellte das Messgerät unzweifelhaft eine Reaktion des Lächelmuskels der Testpersonen fest. Wurde hingegen eine halbe Sekunde lang ein Bild eines ärgerlichen Gesichts gezeigt, so hat sich bei den Probanden der Ärgermuskel geregt. Damit ist wissenschaftlich untermauert, dass wir solche Spiegelphänomene zeigen, selbst wenn wir es nicht wollen; sie sind also unserer willentlichen Kontrolle entzogen.

Noch viel interessanter ist ein weiterer Teil des Experiments, bei dem die entsprechenden Fotos (freundliches oder ärgerliches Gesicht) nur noch so kurz eingeblendet wurden, dass ein Mensch das Bild nicht mehr (bewusst) sieht (40 Millisekunden). Das Gehirn registriert dennoch unbewusst die Information. Im Fachjargon nennt man das subliminale Stimulation. Diese ist übrigens wegen der Möglichkeit, Menschen ohne deren Wissen zu beeinflussen, in der Werbung verboten. Das Ergebnis war – Sie erraten es bereits –, dass die Testpersonen selbst auf diese nicht mehr bewusst sichtbaren Reize mit der entsprechenden Spiegelreaktion kamen. Das heißt, diese Spiegelphänomene funktionieren nicht nur gegen unseren Willen, sondern auch ohne unsere bewusste Wahrnehmung.

Was bedeutet das für die verkäuferische Praxis?

Den Einsatz haben wir teilweise schon beim Kapitel des aktiven Zuhörens beschrieben. Das aktive Zuhören kommt ja auch aus der Psychotherapie. Wir können uns als Psychotherapeuten oder als Verkäufer durch bewusstes körpersprachliches Spiegeln und Mitschwingen (in Resonanz oder Rapport gehen) auf andere Menschen einstimmen und umgekehrt! Wir stimmen die anderen Menschen dadurch auch auf uns ein. Das heißt, wenn Sie sich im Verkaufsgespräch körpersprachlich (Sitzhaltung, Sitzposition, Geschwindigkeit der Bewegungen, Gestik, Mimik, Sprechgeschwindigkeit etc.) auf Ihren Gesprächspartner einstimmen, wird dieser wesentlich schneller und wahrscheinlich auch wesentlich intensiver Vertrauen zu Ihnen schöpfen. Das passiert deshalb, weil (äußerst populärwissenschaftlich gesprochen) sein Unterbewusstsein an das Bewusstsein folgende Botschaft schickt:»Das ist ein Freund, dem können wir vertrauen.« Das ist zugegebenermaßen eine sehr starke Simplifizierung, und ich empfehle Ihnen in dem Zusammenhang noch einmal das erwähnte Buch von Professor Bauer.

Achtung: Manipulation

Jetzt werden machen sagen:»Das ist ja gefährlich, das ist ja Manipulation!« Ja, natürlich ist das Manipulation, und selbstverständlich sind das extrem wirksame Instrumente. Durch gutes, aktives Zuhören kombiniert mit Spiegeln und Rapport können Sie mit Menschen, die Ihnen noch vor wenigen Minuten wildfremd waren, in geradezu an Zauberei grenzender Geschwindigkeit persönlichen Kontakt aufbauen und ein Vertrauensverhältnis schaffen. Mit souveränem Einsatz der richtigen Fragetechniken schicken Sie die Gedanken des Kunden auf die von Ihnen gewollte Reise. Und natürlich gilt auch, dass man mit mächtigen Instrumenten auch mächtigen Unfug machen kann. Mit einem Computer können Sie auch etwas Sinnvolles und Nützliches machen oder eine terroristische Webseite betreiben. Das Instrument an sich ist wertneutral. Wir Menschen machen den Unterschied aus. Manche werden sagen:»So mächtige Instrumente und Methoden dürfen nur von ausgebildeten Therapeuten und Psychologen verwendet werden.« Diese Meinung teile ich nicht.

Dazu möchte ich zwei Dinge sagen: Erstens ist fast alles, was wir an Interaktion mit anderen Menschen machen, Manipulation. Das ist schon durch die Spiegelneuronen sichergestellt. Wenn Sie und ich in einem Fahrstuhl stehen und ich Sie anlächle, und Sie lächeln zurück, habe ich Sie bereits manipuliert. Vielleicht wollten Sie noch vor wenigen Sekunden nicht lächeln.

Zweitens möchte ich auf das Thema Verkaufsethik oder berufliche Ethik im ersten Kapitel verweisen und hier in aller Form empfehlen, all diese Dinge nur zum Nutzen des Kunden einzusetzen. Wenn Sie also kraft Ihrer Fachkompetenz und aufgrund der guten Bedarfserhebung wissen, was Ihr Kunde will und braucht, dann ist es auch legitim, alles daranzusetzen, dass er es bekommt. Wenn Sie hingegen wissen, dass Ihr Kunde etwas ganz anderes braucht, dann suchen Sie sich einen anderen Kunden und bleiben damit langfristig erfolgreich und zufrieden. Auf jeden Fall hier noch einmal ein flammender Appell an die richtige ethische Einstellung und die kundenorientierte Herangehensweise im Sinne des Win-win-Prinzips: gut für den Kunden – gut für mich!

5. Präsentation

Mit Präsentation meine ich hier alles, was wir als Verkäufer tun, sagen, vorführen, zeigen und erklären, um dem Kunden unsere »Problemlösung« näher zu bringen. Das heißt, es geht um eine sehr weit gefasste Definition des Begriffs Präsentation. Damit ist eben alles gemeint, vom einfachen Satz »Lieber Kunde, in Ihrem Fall empfehle ich Ihnen die Variante DEF mit jährlichem Update« bis hin zu einer Präsentation im engeren Sinne, bei der wir zum Beispiel mittels Datenprojektion oder eines anderen Mediums, vor einem oder mehreren Interessenten präsentieren. Zum Thema Präsentation im engeren Sinne lässt sich natürlich viel mehr sagen und schreiben, als ich in diesem Buch unterbringen kann. Wenn Sie also öfter vor mehreren Menschen Verkaufspräsentationen machen und sich dabei noch weiter verbessern möchten, empfehle ich Ihnen auch das Buch mit dem Titel »Verkaufsfaktor ›P‹« von meinem Kollegen Professor Emil Hierhold (siehe Literaturliste). In der Präsentationsphase geht es also darum, die gesammelten Informationen aus der Bedarfserhebung mit dem eigenen Produkt- und Fachwissen zu kombinieren. Sowie daraus eine für den Kunden optimale Vorselektion zu treffen und diesem eine kleine Auswahl zu präsentieren. In der Praxis gibt es auch Situationen, wo es tatsächlich nur eine richtige Variante gibt, und dann präsentieren wir nur diese. Wann immer es geht, ist es aber besser, dem Kunden eine gewisse Auswahl zu bieten. Wir Menschen haben gerne die Wahl und wollen nicht nur eine einzige Möglichkeit präsentiert bekommen. Finden Sie also zwei oder drei Varianten mit klaren Unterscheidungsmerkmalen, aus denen der Kunde wählen kann. Selbstredend sollen alle angebotenen Varianten den vorher erhobenen Bedürfnissen des Kunden entsprechen.

Standardpräsentation oder maßgeschneidert?

Früher wurde im Verkaufstraining mehr oder weniger Wert darauf gelegt, eine gute Standardpräsentation einzustudieren und diese auswendig zu lernen. Diese »Idealpräsentation« kam dann in derselben Variante bei allen Kunden zur Anwendung. Damit können wir im heutigen Geschäftsleben nur noch vereinzelt punkten. Das heißt, wenn wir heute zu einem Kunden gehen und unsere Standardpräsentation »abspielen« (egal ob mit oder ohne Bedarfserhebung), wird das nur bedingt zum Erfolg führen. Wir müssen vielmehr darauf achten, dass das, was und wie wir präsentieren, auf unseren Gesprächspartner, sein Bedürfnisspektrum und seine Kaufmotive maßgeschneidert ist. Natürlich können und sollen wir auch die verschiedenen Präsentationsvarianten vorbereiten und üben. Aber eben verschiedene Varianten und nicht nur eine Standardpräsentation. Der für den Verkauf gefährlichste Fehler in dem Zusammenhang ist aber nicht – wie viele vermuten – eine schlecht eingeübte Präsentation, sondern, wenn wir uns ohne ausreichende Bedarfserhebung zu einer Präsentation hinreißen lassen. Es ist oft gar nicht so leicht zu vermeiden, weil der Kunde vielleicht Zeitdruck signalisiert nach dem Motto: »So viel Zeit habe ich nicht, lassen Sie mal sehen, was Sie zu bieten haben.«

Dennoch gibt es auch heute noch Verkaufssituationen, bei denen Sie nur eine Standardpräsentation machen können. Nämlich immer dann, wenn Sie aufgrund der Verkaufssituation nicht in der Lage sind, eine Bedarfserhebung durchzuführen. Ich meine hiermit Verkaufspräsentationen vor einem größeren, anonymen Publikum. Das ist zum Beispiel bei Messeverkaufspräsentationen (Stichwort Gemüsehobelverkäufer) oder bei Verkaufspräsentationen im Fernsehen etc. der Fall. Bei dieser Art von Präsentation ist es einfach essenziell, dass möglichst alle potenziellen Motive und Bedürfnisse angesprochen werden. Es ist für uns Verkäufer durchaus aufschlussreich, sich hin und wieder so eine Fernsehverkaufspräsentation anzusehen. Nämlich mit dem Block und Bleistift in der Hand, um mitzuschreiben, welche Kaufmotive und Bedürfnisse denn mit welchen Argumenten und Interaktionen angesprochen werden.

Für die verkäuferische Praxis im Verkaufsaußendienst – sowohl bei hochwertigen Konsumgütern als auch bei Investitionsgütern – ist es meistens so, dass wir mit unserem Kunden durchaus in einen persönlichen Dialog treten und daher eine Bedarfserhebung machen können. Aus diesem Grund gehe ich nun nicht mehr weiter auf die Standardpräsentation ein, und wir konzentrieren uns auf das Präsentieren im persönlichen Verkaufsgespräch.

Eine oder mehrere Phasen?

Ob Sie Ihr Verkaufsgespräch ein-, zwei- oder mehrphasig anlegen, hängt in erster Linie davon ab, was Sie an welche Zielgruppe verkaufen. Bei manchen Geschäftsfeldern ist es durchaus möglich, bei einem Verkaufsgespräch durch alle acht Stufen zu gelangen. Das heißt, wenn ich zum Beispiel Hygieneprodukte an Gastronomen und Hoteliers verkaufe, kann ich durchaus bei einem Gespräch bis zu einem Abschluss kommen. Andere Geschäfte wiederum laufen grundsätzlich über einen zweiphasigen Verkauf. Das ist bei Finanzdienstleistungen oft der Fall. Das heißt, der Anlageverkäufer macht zuerst eine strukturierte Bedarfserhebung und präsentiert in dem Gespräch wenig bis gar nichts, sondern macht stattdessen einen zweiten Termin aus. Das erlaubt dem Verkäufer, in Ruhe im Büro mit etwaigen Spezialisten ein maßgeschneidertes Angebot (idealerweise in zwei, drei Varianten) inklusive professioneller Präsentation für den Kunden vorzubereiten. Idealerweise wird in der zweiten Phase (also im zweiten Termin) dann auch gleich abgeschlossen.

Praxistipp:
Falls Sie einen Zweiphasenverkauf machen, beachten Sie, dass Sie beim zweiten Termin trotzdem nicht gleich mit der fünften Stufe beginnen, sondern wieder einen Gesprächseinstieg machen (Stufe 3) und zumindest kurz abchecken, was sich seit dem letzten Gespräch eventuell geändert hat.

Manche Verkaufssituationen, speziell im Key-Account-Management-Bereich, gehen über zwei Phasen hinaus. Da kann sich bereits die Bedarfserhebungs-(Analyse-)Phase über mehrere Termine hinstrecken. Auch für diese Situationen gilt der oben erwähnte Praxistipp bei jedem neuen Termin.

Was und wie?

Was von vielen Verkaufspraktikern an wiederum vielen Verkaufstrainings bemängelt wird, sind die so genannten Standardphrasen und Allheilmittelaussagen. Das heißt, die Praktiker wehren sich zu Recht dagegen, irgendwelche Sätze und Redewendungen auswendig zu lernen und dann herunterzuplappern. So etwas spürt der Kunde. Der Verkäufer wirkt nicht authentisch, und der Erfolg kann maximal mittelmäßig sein. In dem Zusammenhang wird leider oft das Kind mit dem Bade ausgeschüttet, weil viele Verkäufer dann überhaupt keine Präsentationen mehr vorbereiten wollen. Daher unterscheiden wir beim Profitraining und der Profivorbereitung zwischen »was?« und »wie?«.

Was?

Unter »was?« verstehen wir den Kern einer Aussage. Zum Beispiel:

»Mit der von uns programmierten Schnittstelle können Sie sämtliche Daten aus Ihrer bestehenden Finanzbuchhaltung in das Managementinformationssystem importieren.«

Oder ein anders Beispiel: »Die in unserem Labor entwickelten neuen Farbpigmente haben eine höhere UV-Resistenz.«

Solche Aussagen nennen wir Argumente oder Merkmale. Etwas später in diesem Kapitel werden wir aus diesen Produktmerkmalen echte Nutzenargumente machen. Unter »was?« verstehen wir auch andere Dinge, wie zum Beispiel die Preisnennung (ebenfalls etwas später in diesem Kapitel) oder unsere Einwandargumentation (im sechsten Kapitel) oder auch Abschlussfragen (im siebten Kapitel).

Wie?

Wenn wir das »Was?« entschieden haben, geht es darum »wie« wir es dem Kunden sagen oder beibringen. Das »Wie?« können wir nur zum Teil vorbereiten, nämlich indem wir uns verschiedene Varianten zurechtlegen und im Verkaufsgespräch jeweils eine maßgeschneidert für den Kunden anwenden. Profiverkäufer sind nämlich nicht nur dazu in der Lage, bei einem einzigen Kunden erfolgreich zu sein, sondern bei vielen unterschiedlichen Menschentypen. Das erfordert große Flexibilität, Anpassungsfähigkeit und soziale Kompetenz (siehe

92

auch Kapitel 1 »Einstimmung und Selbstverständnis«). Ein guter Anfang ist getan, wenn wir uns pro richtiger »Was«-Aussage drei Varianten zurechtlegen.

Praxisbeispiel:
Angenommen, Sie verkaufen Zeiterfassungssysteme für mittlere und große Produktionsbetriebe. Nehmen wir weiter an, dass eines Ihrer Produktmerkmale (»Was«-Aussagen) ist, dass die Mitarbeiter bei der Verwendung Ihres Systems über einen gesicherten, passwortgeschützten Internetzugang ihre Stundenkonten selbst warten können. Nun wird es einen Unterschied machen, »wie« Sie dieses Feature drei unterschiedlichen Kundentypen erklären beziehungsweise verkaufen.

Da gibt es einmal den Betriebsratsvorsitzenden, einen sympathischen, eher kumpelhaften, bodenständigen, ehemaligen Arbeiter. Dann gibt es den Personalchef, einen distinguierten Akademiker. Und dann haben Sie noch den Einkaufsleiter, den Sie schon aus der Schule kennen, mit dem Sie per du sind. Sie werden also ein und dieselbe Aussage in verschiedenen Varianten präsentieren, damit die Menschen sich in ihrer Welt angesprochen fühlen. Sie werden eine akademische Variante für den Herrn Personalchef haben; eine bodenständige, mitarbeiterorientierte für den Betriebsrat und eine amikale für den Einkäufer. Wenn Sie mit den grundsätzlichen drei Varianten schon sehr vertraut sind, können Sie noch eine weitere Dimension einfügen und zum Beispiel darauf Rücksicht nehmen, ob Ihr Kunde ein visueller Typ ist, ein auditiver oder eher ein kinästhetischer. Das würde den Rahmen des Buchs sprengen, aber ich empfehle Ihnen in dem Zusammenhang das Buch »Die letzten Geheimnisse im Verkauf« von meinem Kollegen Roman Kmenta (siehe Literaturverzeichnis).

Fürsprecher

Angenommen, Sie gehen in einen Supermarkt. In der Obstabteilung suchen Sie ein paar Orangen aus einem großen Korb und wollen diese abwiegen. Da kommt der Filialleiter freundlich lächelnd auf Sie zu und sagt in etwa Folgendes:

»Wir haben jetzt eine ganz neue Sorte Orangen aus biologischem Anbau im Sortiment, die dreimal so viel Vitamin C enthält wie diese. Mit dem Genuss von nur einer Orange haben Sie den kompletten Tagesbedarf an Vitamin C von einem gesunden Erwachsenen gedeckt.«

Was denken Sie sich jetzt? Es hängt natürlich davon ab, ob Sie den Filialleiter kennen und ihn für vertrauenswürdig halten etc. Aber in solchen Fällen kommen vielen von uns in der Kundenrolle Zweifel: »Stimmt das wirklich? Ist das nicht nur ein Trick, um die teurere Sorte zu verkaufen? Bis jetzt bin ich mit den anderen Orangen auch recht zufrieden gewesen – was soll ich da jetzt mehr Geld ausgeben?«

Zweifel sind vielfältig und nicht zuletzt dadurch begründet, dass naturgemäß jeder Kunde davon ausgeht, dass der Verkäufer über seine Ware nichts Schlechtes sagen wird. In diesen Fällen helfen Fürsprecher. Als Fürsprecher bezeichnen wir mehr oder weniger alles, was die Aussage eines Verkäufers unterstützt und in den Augen des Kunden neutraler oder objektiver wirkt. Das sind zum Beispiel:

• Referenzlisten
• Testberichte
• Zeitungsartikel
• Wissenschaftliche Arbeiten
• Empfehlungsbriefe von zufriedenen Kunden
• Muster, die man angreifen und ausprobieren kann
• Vorführungen, wenn es sich um komplexe technische Produkte handelt

Oft gibt es mehr Fürsprecher für unsere Produkte, als wir wissen, und jeder Verkäufer ist selbst dafür verantwortlich, die für ihn richtigen Fürsprecher in der richtigen Form in seinen Verkaufsunterlagen dabeizuhaben. Wenn es also einen positiven PR-Bericht in einer Fachzeitschrift über mein Produkt oder meine Lösung gibt, dann sollte ich mir ein paar Farbkopien davon in meinen Verkaufsordner stecken.

Verkaufsunterlagen

Je nach Branche, Firma und Produkt gibt es große Unterschiede darin, welche Unterlagen, Prospekte, Preislisten usw. wir zum Verkaufsgespräch mitnehmen. Grundsätzlich bin ich der Meinung, dass wir Verkäufer für unsere jeweiligen Unterlagen, die wir beim Kunden einsetzen, selbst verantwortlich sind. So wie jeder andere Profi letztendlich eigenverantwortlich über seine Instrumente und Werkzeuge verfügt, trifft das auch für uns Verkäufer zu. Das heißt, nur weil mir meine Firma keine neue Verkaufsmappe zur Verfügung stellt oder nur weil die Prospekte, die ich aus dem Marketing bekomme, für die Verkaufspräsentation suboptimal sind, heißt das noch lange nicht, dass ich damit leben muss.

In der Regel ist es schwieriger, abstrakte Dienstleistungen in Prospekten und Verkaufsunterlagen darzustellen als toll designte Produkte, die man angreifen kann und die für sich selbst sprechen. Ein Autoverkäufer, dessen Kunde zu ihm in den Verkaufsraum kommt, wo er das neue Fahrzeug mit (fast) allen Sinnen (Sehen, Hören, Fühlen und Riechen) erleben kann, hat es da natürlich leichter als ein Verkäufer von beispielsweise komplexen Versicherungsprodukten. Die Mehrzahl der Außendienstverkäufer kann ihr Produkt nicht zum Kunden mitnehmen und ist daher auf die Präsentation von Abbildungen, Prospekten etc. angewiesen. Im Kapitel 3 »Gesprächseinstieg« habe ich bereits darauf hingewiesen, dass Sie zum Beginn des Verkaufsgesprächs Ihre Unterlagen (Prospekte etc.) noch außerhalb der Sichtweite des Kunden lassen sollen. Also entweder noch in Ihrer Tasche oder in einer verschlossenen Mappe. Die meisten Menschen nehmen – wie bereits erwähnt – den Großteil der Informationen über den visuellen Sinneskanal – also die Augen – auf. Das heißt, dass ich mir diesen Umstand als Profiverkäufer zunutze mache und interessante visuelle Informationen zum Herzeigen habe. Durch die parallele (gleichzeitige) sprachliche Argumentation werden die beiden Hauptsinneskanäle (Sehen und Hören) wie bei einem Kinofilm in Farbe angesprochen. Daher ist es für uns Verkäufer oft schwierig, die von der Marketing- und Werbeabteilung gestalteten Prospekte eins zu eins in der Verkaufspräsentation einzusetzen. Prospekte sind nämlich in der überwiegenden Mehrheit so gestaltet, dass sie selbsterklärend sind. Das heißt, wenn Sie jemandem dieses Prospekt schicken, kann er es ansehen und durchlesen, und er erhält davon alle relevanten Informationen. In der Verkaufspräsentation wollen wir aber während des Präsentierens eine Mischung aus Bild und Ton entwickeln, die erst »gemeinsam« das Ganze ergibt. Vielleicht haben Sie schon einmal einen Tonfilm gesehen, bei dem gleichzeitig auch noch Untertitel mitgelaufen sind (zum Beispiel für Gehörlose). Dabei haben Sie erlebt, wie unangenehm es ist, wenn man ständig zwischen dem Hören und dem Lesen entscheiden muss und wie verwirrend das sein kann. Entweder man konzentriert sich auf die Untertitel oder auf den gesprochenen Text. Beides wirkt verwirrend. Genauso geht es unserem Kunden, dem wir ein Prospekt zeigen, auf dem alle Informationen sind, und wenn wir ihm diese parallel dazu noch in unseren Worten sagen.

Praxistipp:
Gestalten Sie Ihre eigene Verkaufsmappe so, dass Sie zwar die Prospekte zum Hergeben (beim Kunden lassen) zum Beispiel in Klarsichthüllen bereit haben, aber für die eigentliche Präsentation nur Ausschnitte davon verwenden. Das können Sie bewerkstelligen, indem Sie die digitale Variante der Prospekte, Produkte und Informationen in Ihrem Computer bearbeiten und auf die wesentlichen Inhalte reduzieren und dann einen Ausdruck davon in Ihre Verkaufsmappe legen. Wenn die Informationen digital nicht zur Verfügung stehen oder Sie nicht über die entsprechenden Programme oder das entsprechende Know-how verfügen, können Sie es auch mit der guten alten Schere-und-Kleber-Methode machen.

Das heißt, wenn Sie beim Kunden Ihr Produkt und Ihre Dienstleistung präsentieren, achten Sie darauf, dass die Mischung aus gezeigten Informationen und gesprochenem Text erst im Kopf des Kunden ein Gesamtbild ergibt (Kinofilm mit Ton). Wenn Sie für das eine oder andere Produkt oder die eine oder andere Dienstleistung eine spezielle Verkaufspräsentation haben, also eine aus mehreren logisch aufeinander folgenden Bildern bestehende Präsentation (zum Beispiel: Power Point), die Sie aber aus irgendeinem Grund nicht am Computerbildschirm zeigen wollen, dann habe ich folgenden Praxistipp für Sie.

Praxistipp:
Geben Sie die ausgedruckten Power-Point-Seiten nicht nur in Klarsichthüllen in einen konventionellen Ringordner, sondern verwenden Sie ein so genanntes Tisch-Flipchart. Dieses ähnelt einem DIN-A4-Ringordner, den man allerdings aufklappen und so dreidimensional auf den Tisch stellen kann. Diese Tisch-Flipcharts erhalten Sie im guten Bürofachhandel. Wählen Sie das Querformat, dann können Sie die DIN-A4-seitig ausgedruckten Power-Point-Folien eins zu eins einlegen. Das Querformat ist wahrnehmungspsychologisch auch besser, weil wir Menschen die Augen nebeneinander und nicht übereinander haben (siehe Breitwand-TV). So ein Tisch-Flipchart hat selbst in unserem digitalen Zeitalter durchaus seine Berechtigung und wird vielerorts unterschätzt. Erstens ist es dreidimensional und gegenüber einer flach auf dem Tisch liegenden Mappe oder einem Prospekt dadurch schon für die Wahrnehmung ein großer Vorteil. Ein solches Tisch-Flipchart schreit regelrecht nach Aufmerksamkeit: »Hier bin ich!« Obendrein sind Sie nicht irgendwelchen Software-Updates-Systemabstürzen und Computerhochfahrzeiten ausgeliefert und können auch schnell vor- und zurückblättern.

Wenn Sie zum Thema Tisch-Flipchart und dessen Einsatz noch nähere Informationen möchten, empfehle ich Ihnen hier nochmals das bereits erwähnte Buch von Professor Hierhold.

Achten Sie darauf, dass Sie in Ihrer Verkaufsmappe immer ausreichend Fürsprecher (siehe voriges Kapitel) dabeihaben. Was die Unterlagen anbelangt, so gilt die Faustregel:

»Anzahl der erwarteten Gesprächsteilnehmer plus zwei«.

Also angenommen, Sie haben ein Verkaufsgespräch mit zwei oder drei Personen. Dann nehmen Sie alle Unterlagen (Prospekte, Angebote, Preislisten, Kopien etc.) zum Aushändigen in der Anzahl der Teilnehmer (zum Beispiel drei) plus zwei in Reserve mit. Sollte nämlich noch der eine oder andere unangemeldete Gesprächsteilnehmer beim Kunden Interesse zeigen, wirkt es sehr professionell, wenn Sie diesem auch etwas geben können.

MNC-Methode

Angenommen, Sie gehen in ein Elektrogroßmarkt, um sich einen Fernseher zu kaufen. Nicht in allen, aber in vielen Fällen wird bei der Präsentation (sofern es überhaupt zu einer kommt) das passieren, was wir das Aufzählen von Merkmalen nennen:»Hier haben wir ein Topmodell mit 120 Zentimetern Bildschirmdiagonale, Digitaltuner, 60 Watt Stromverbrauch, vier Videoeingängen, Dolby-Surround-Decoder und einem eingebauten Verstärker mit fünfmal 40 Watt.« Dem Verkäufer ist möglicherweise die Bedeutung jedes dieser Merkmale oder Features sonnenklar, aber nicht dem durchschnittlichen Kunden. Daher erklären wir dem Kunden seinen jeweiligen Nutzen.»Bei nur 60 Watt Stromverbrauch sparen Sie bares Geld und helfen der Umwelt« und»Der eingebaute Verstärker mit Dolby-Surround-Decoder bedeutet Ton- und Musikgenuss wie im Kino.« Obendrein ist möglicherweise nicht jeder Nutzen für alle Kunden gleich wichtig. Dem einen Kunden kommt es auf den Kinogenuss an wie im zweiten Beispiel, dem anderen ist der geringe Stromverbrauch wichtiger. Daher ist es am besten, wenn wir Verkäufer einfach unsere Erkenntnisse (Notizen!) aus der Bedarfserhebung nehmen und bedarfsgerecht argumentieren. Wir bei VBC haben dazu eine Technik entwickelt, die es Ihnen leicht macht, den Kundennutzen in der Präsentation punktgenau darzustellen. Diese Technik nennen wir MNC, und die geht wie folgt:

M steht für **Merkmal**. Das ist eine Produkteigenschaft oder ein Argument für das Produkt. Im Englischen spricht man auch von Feature. Beispiel:»Die Netzwerkkarte hat einen integrierten 64-Bit-Datenverschlüsselungschip.«

N bedeutet **Nutzen**. Also, welchen Nutzen hat der Kunde in unserem Beispiel?»Dadurch sind Ihre Dokumente sicher vor neugierigen Dritten.«

C steht für **Checking**. Hier checken wir – fragen also nach –, ob unserem Kunden dieser Nutzen gefällt. In unserem Beispiel:»Was halten Sie davon?«

Siehe dazu Grafik 6.

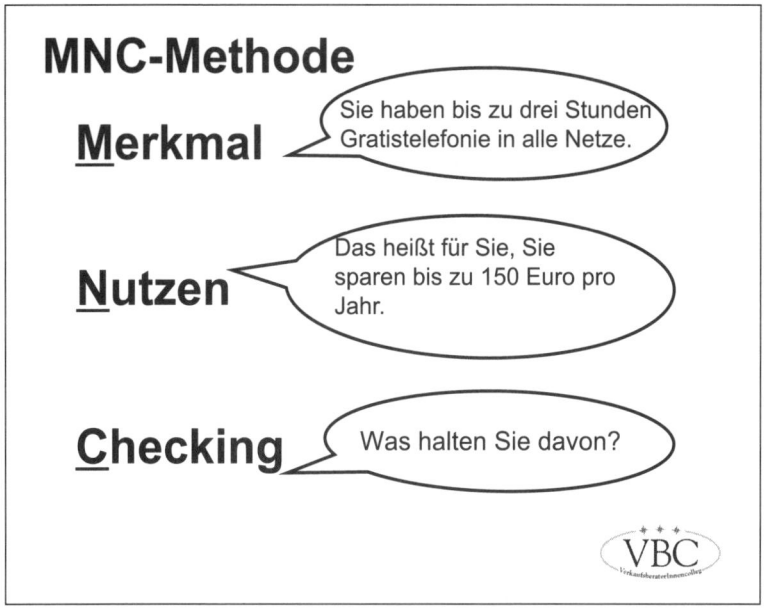

MNC-Methode

Merkmal — Sie haben bis zu drei Stunden Gratistelefonie in alle Netze.

Nutzen — Das heißt für Sie, Sie sparen bis zu 150 Euro pro Jahr.

Checking — Was halten Sie davon?

VBC

Grafik 6

Die Checkingfrage formulieren Sie tunlichst offen. Also, die Varianten »Was halten Sie davon?« oder »Wie gefällt Ihnen das?« sind ideal geeignet. Hier noch ein anderes Beispiel:

Merkmal: »Mit der Betriebsbündelversicherung sind Sie auch für Betriebsunterbrechungen nach Naturkatastrophen versichert.«
Nutzen: Wenn Sie also infolge eines Erdbebens mehrere Tage nicht produzieren können, wird der Schaden voll bezahlt.«
Checking: »Was halten Sie davon?«

Wenn wir unsere Bedarfserhebung gut gemacht haben und daher eine MNC-Schleife treffsicher einsetzen, kann es oft schon direkt nach der Checkingfrage zum Verkaufsabschluss kommen. Bleiben Sie dabei so einfach und verständlich wie möglich. Das heißt, machen Sie pro MNC-Schleife nur ein Merkmal und einen Nutzen und eine Checkingfrage. Oft lassen wir uns dazu verleiten, mehrere Nutzen aufzuzählen, weil wir das Gefühl haben, dass das dann toller wirkt (mehr ist besser). In der Praxis verwirrt das den Kunden

99

jedoch eher, als es ihm hilft. Voraussetzung ist natürlich eine saubere Bedarfserhebung, damit wir wissen, welche Nutzen unserem Kunden mit einer hohen Wahrscheinlichkeit gefallen werden.

Weitere Bespiele:
Unter der Überschrift »Was und wie?« habe ich noch zwei Merkmale erwähnt. Nachfolgend die »Auflösung«, also die kompletten MNC-Schleifen:

Beispiel 1:
»Mit der von uns programmierten Schnittstelle können Sie sämtliche Daten aus Ihrer bestehenden Finanzbuchhaltung in das Managementinformationssystem importieren.« **(Merkmal)** »Das bedeutet, Sie können die monatlichen Konzernreporte per Mausklick generieren.« **(Nutzen)** »Wie gefällt Ihnen das?« **(Checking)**

Beispiel 2:
»Die in unserem Labor entwickelten neuen Farbpigmente haben eine höhere UV-Resistenz.« **(Merkmal)** »Die Fahrzeuge bleiben dadurch länger strahlend.« **(Nutzen)** »Was halten Sie davon?« **(Checking)**

Wenn Sie das nicht ohnehin schon gemacht haben, nehmen Sie sich jetzt bitte ein paar Minuten Zeit und generieren sie drei bis fünf MNC-Schleifen pro Hauptprodukt, welches Sie verkaufen. Setzen Sie diese schon beim nächsten Verkaufsgespräch ein und prüfen Sie damit die Wirkung. Falls Sie in einem Verkaufsteam arbeiten, nutzen Sie die Gelegenheit, MNC-Schleifen und die Erfahrungen damit im Team auszutauschen.

Motivorientiertes Argument

Im vierten Kapitel »Bedarfserhebung« haben Sie die sieben Kaufmotive kennen gelernt. Dabei ging es darum, welche/s Handlungs-(Kauf-)Motiv/e beim jeweiligen Kunden vorliegen. Jetzt haben Sie auch die MNC-Methode kennen gelernt, mit der Sie punktgenau den Nutzen für den Kunden herausarbeiten und abchecken, ob dieser ihn auch als solchen anerkennt. Es gibt Merkmale, die durchaus verschiedene Nutzen stiften. Als Profi werden Sie natürlich solche Merkmal-Nutzen-Kombinationen wählen, die bei Ihrem Gesprächspartner auf offene Ohren (beziehungsweise offene Geldbörsen) treffen.

Praxisbeispiel:
Angenommen, Sie verkaufen Bildschirme für Büroanwendungen. Ihr Kunde ist eine große und erfolgreiche Anwaltsfirma, die sämtliche Bildschirme austauschen will. Es geht um insgesamt 60 Stück. Ihr Gegenüber ist Herr Doktor Stöttinger, Anwalt und Mitbegründer der Sozietät. Er entscheidet mehr oder weniger alleine. Sie haben eine Bedarfserhebung gemacht und sich die Arbeitsplätze angesehen. Die beiden Kaufmotive von Herrn Doktor Stöttinger, welche am meisten hervorstechen, sind nach Ihrer Einschätzung »Gesundheit« der Mitarbeiter und Bequemlichkeit und Erleichterung (für ihn und seine Mitarbeiter). Daher werden Sie jetzt *nicht* argumentieren, wie günstig Ihre Bildschirme sind, und auch *nicht* argumentieren, dass Ihre Bildschirme mit dieser neuen Technologie extrem stromsparend sind, sondern Sie werden maßgeschneidert zu dem Motiv Gesundheit in etwa folgende MNC-Schleife anwenden:

»Herr Doktor Stöttinger, unsere neu entwickelten Flachbildschirme sind mit einem speziell höhenverstellbaren Tischfuß ausgestattet, den wir für jeden Mitarbeiter und jede Mitarbeiterin auf die ideale Arbeitshöhe einstellen können.« **(Merkmal)** »Durch die bessere Ergonomie beim Arbeiten haben speziell die Vielschreiber weniger Verspannungen und bleiben länger gesund.« **(Nutzen)** »Was halten Sie davon?« **(Checking)**

Zum Kaufmotiv Bequemlichkeit und Erleichterung könnten Sie beispielsweise folgende MNC-Schleife verwenden:

»Wenn wir die neuen Bildschirme liefern, übernehmen wir auch die Installation an jedem einzelnen Arbeitsplatz und die Entsorgung der alten Bildschirme inklusive Verpackungsmaterial.« **(Merkmal)** »Das heißt, Sie und Ihre Mitarbeiter können sofort ungestört weiterarbeiten.« **(Nutzen)** Wie gefällt Ihnen das, Herr Doktor Stöttinger? **(Checking)**

Sie sehen, für ein und dasselbe Produkt können Sie für die verschiedensten Kaufmotive MNC-Schleifen vorbereiten und einsetzen. Idealerweise verwenden Sie nur diejenigen, die aufgrund Ihrer Beobachtungen und Eindrücke bei der Bedarfserhebung für den jeweiligen Kunden Sinn machen. Jetzt werden manche sagen: »Ich bringe einfach sicherheitshalber alle Nutzenargumente, und die richtigen werden den Kunden dann schon überzeugen.« Das kann in einzelnen Fällen durchaus funktionieren, auch über Jahrzehnte hinweg. Nur ist es heute oft so, dass einerseits die Aufmerksamkeitsspanne unserer Gesprächspartner immer kürzer wird. Das belegen auch alle diesbezüglichen Studien der jüngeren Zeit. Zweitens ist es so, dass eine Merkmal-Nutzen-Kombination, die Ihren Kunden nicht interessiert, diesen sogar verunsichern kann. Ein plakatives Beispiel für die Variante mit den Flachbildschirmen in der Anwaltskanzlei wäre in dem Zusammenhang folgendes:

Angenommen, Ihr Bildschirm hat auch einen eingebauten TV-Tuner, mit dem man problemlos Fernsehsendungen empfangen kann. Nehmen wir an, Doktor Stöttinger hätte die Sorge, dass seine Mitarbeiter während der Arbeitszeit fernsehen und ihre Arbeit vernachlässigen. Daher ist die Erwähnung dieses Merkmals nicht nur nicht zielführend, sondern kontraproduktiv.

Daher präsentieren wir unserem Kunden idealerweise nur diejenigen Merkmal-Nutzen-Kombinationen, die für diesen auch interessant erscheinen. Insgesamt sollten wir während eines Verkaufsgesprächs nicht mehr als zwei oder drei gezielte MNC-Schleifen einsetzen. Auch hier gilt:»Weniger ist mehr.« Lieber eine gute MNC-Schleife und beim Checking gleich einen Abschluss machen, als zu viele aufzuzählen und den Kunden zu verwirren.

Elektronische Präsentation

Es gibt nur noch wenige Außendienstmitarbeiter, die nicht über einen Laptop verfügen, und so macht es durchaus Sinn, dass wir unsere Präsentationen direkt am Computer machen. Wie bei allem im Leben gibt es auch hierbei Vor- und Nachteile.

Die Vorteile

- Eine einmal aufwendig durchdachte Verkaufspräsentation kann mit wenigen Klicks (»vor« dem Verkaufsgespräch in der Vorbereitung) auf den Kunden maßgeschneidert werden.
- Wirkt modern und zeitgemäß.
- Die Präsentation kann verknüpft sein mit anderen interaktiven Elementen (Kalkulation, kurzer Videoclip etc.).
- Mit einer mobilen Internetanbindung kann bei Interesse auch auf vertiefende Produktinformationen aus der Firmenwebseite zurückgegriffen werden.
- Von der Marketing- oder Werbeabteilung hergestellte Präsentationen können leicht auf die eigenen Bedürfnisse umgebaut werden.

Die möglichen Nachteile

- Zu verspielte Präsentationen, die vom Inhalt ablenken.
- Probleme beim Hochfahren des Computers oder mit der Stromversorgung.
- »Herunterspulen« einer Standardpräsentation, die nicht auf den Kunden abgestimmt ist.
- Etwaige Problemchen mit der Software lenken den Verkäufer vom Kunden ab, und dieser fühlt sich weniger wichtig als der Computer.

Empfehlungen für die Praxis

Den Einsatz von Laptop und gegebenenfalls Datenprojektion in der Verkaufspräsentation empfehle ich nur bedingt. Es kommt eben auf die jeweilige Situation an. Beachten Sie, dass das etwas Zusätzliches ist, auf das Sie achten müssen, und dass Sie im Zweifel mit der ausgedruckten Präsentation auf einem Tisch-Flipchart weniger »Fallstricke« vorfinden werden. Wenn Sie aber mit Ihren Produkten und mit der Technik gut vertraut sind, ist das eine gute Möglichkeit. Sitzen Sie mit mehr als zwei oder drei Personen zusammen, so wird der Bildschirm des Laptops nicht mehr ausreichen. Sie benötigen einen Datenprojektor (oft auch als Beamer bezeichnet).

Hier noch eine nützliche Checkliste für die Vorbereitung einer »echten« Präsentation.

Checkliste für Präsentationen mit Computer und Datenprojektor:
- Laptop mit Netzgerät und (idealerweise) vollem Akku
- Vorbereitete Präsentation
- Datenprojektor mit Verbindungskabel
- Netzkabel
- Stromverlängerung
- Stromverteiler
- Ersatzlampe Datenprojektor
- Präsentation als »Backup« auf Papier oder auf Overheadfolie ausgedruckt
- Präsentation als Handouts auf Papier ausgedruckt (maximal sechs Folien pro DIN-A4-Seite und insgesamt zwei Exemplare mehr als zu erwartende Teilnehmer)
- 15 bis 30 Minuten vor Beginn in den Raum
- Raum lüften
- Alles aufbauen und herrichten
- Aschenbecher leeren
- Flipchart und übrige Unterlagen vom »Vorgänger« entfernen

Die Checkliste finden Sie auch als Kopiervorlage im Anhang. Weiterführende Informationen dazu finden Sie im bereits erwähnten Buch von Professor Hierhold.

Pencil Selling

Der Begriff Pencil Selling kommt (wie könnte es anders sein?) aus dem Amerikanischen und steht für »mitschreiben« und »mitskizzieren« beim Verkaufen. Damit sind nicht die Notizen gemeint, die Sie sich selbst machen. Sondern es geht darum, während dem Präsentieren die Inhalte für Ihren Kunden zu visualisieren. Das heißt, Sie erstellen Skizzen, Grafiken, Diagramme, die das unterstreichen, was Sie sagen. Ich habe bereits etwas früher davon gesprochen, dass wir Menschen einen größeren Anteil der Informationen über den visuellen Kanal aufnehmen und dass wir daher tunlichst visuelle Hilfsmittel im Verkauf einsetzen. Dazu eben auch das Tisch-Flipchart oder die vorbereitete Präsentation auf Ihrem Laptop oder die tollen bunten Prospekte. Manchmal ist aber eine während dem Gespräch gemachte Skizze mit einer Struktur oder Ablauferklärung noch viel wirksamer als das schönste Vierfarbenprospekt. Auf der Grafik 7 finden Sie ein solches Beispiel.

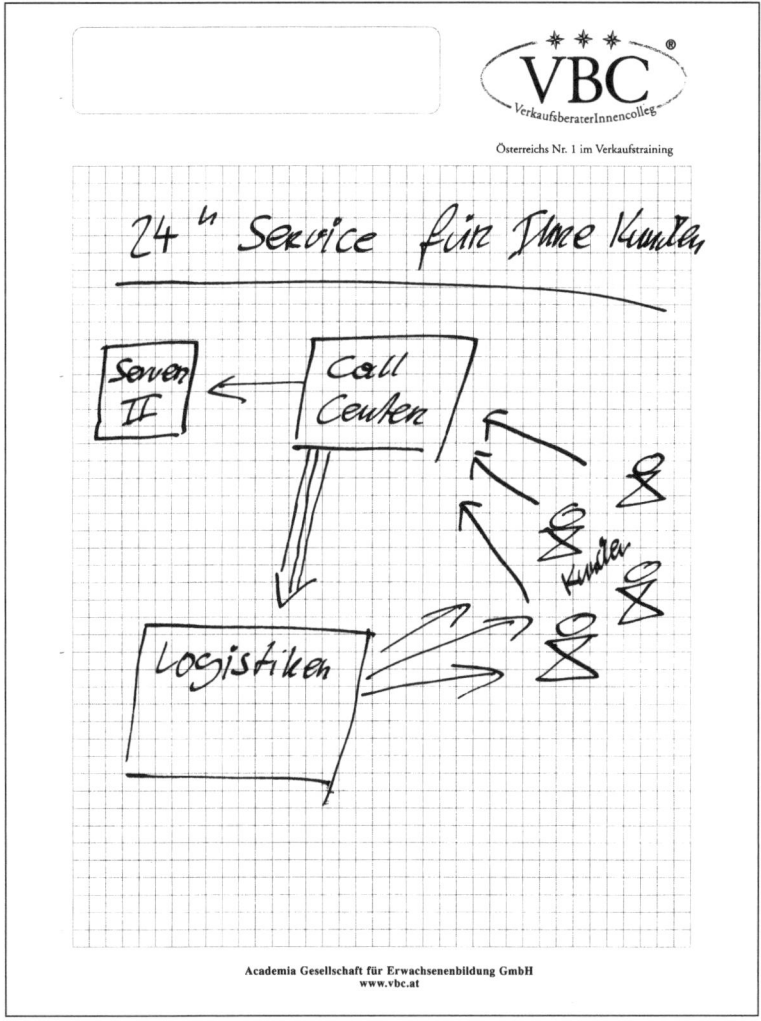

Grafik 7

Hier hat ein Verkäufer seinem Kunden die Auftragsabwicklung über sein Callcenter mit 24-Stunden-Service erklärt. Ob wir selbst zeichnen können oder künstlerisch begabt sind, ist dabei völlig zweitrangig. Es geht hier wieder einmal nur um gute Vorbereitung. Obwohl das Skizzieren während des Gesprächs aussieht, als wäre es in der Sekunde für den Kunden erfunden, haben Sie das minutiös in der Vorbereitung geplant. Nur dann wirkt es professionell und imposant. Verwenden Sie simple Symbole und erklären Sie während des Zeichnens Ihrem Kunden die Symbole und deren Bedeutung. Verwenden Sie idealerweise einen Schreibblock mit Ihrem Firmenlogo. Nehmen Sie keinen Bleistift (Pencil steht ja für Bleistift), sondern am besten einen breiten Faserschreiber oder einen Füller mit sehr breiter Feder. Und üben Sie das Ganze zu Hause ein!

Den Preis »präsentieren«

Wenn es um den Preis geht, trennt sich verkäuferisch gesehen der sprichwörtliche Weizen von der Spreu. In dieser Phase im Verkaufsgespräch wird am meisten Gewinn gemacht oder eben vernichtet. Nur allzu oft vergessen wir Verkäufer im Eifer des Gefechts, welche Auswirkungen ein zu schnell gewährter, zusätzlicher Rabatt oder Nachlass auf die Gesamtgewinnsituation hat. Nachdem ich persönlich dieses Thema für so wichtig halte, habe ich darüber schon ein eigenes Buch geschrieben (»Preisverhandlungen leicht gemacht«, siehe Literaturliste), das ich an der Stelle natürlich all jenen empfehle, die sich in dem Bereich kontinuierlich weiterverbessern wollen.

Wir leben in einer sehr preissensitiven Zeit, in der Handeln »in« ist und das Schnäppchenjagen für manche schon zum Lifestyle wurde. Das bringt viele Verkäufer verständlicherweise unter zusätzlichen Druck. Was in dieser Hektik gerne übersehen wird, ist, dass wir Menschen dennoch keine Rabatte und Nachlässe kaufen, sondern Werte und Nutzen. Es lässt sich nämlich gleichzeitig zu der viel zitierten »Geiz ist geil«-Euphorie ein zweites Phänomen beobachten. Hochwertige und hochpreisige Produkte und Dienstleistungen haben ein überdurchschnittliches Wachstum. Luxusurlaube, Luxuswohnungen, teure Golfclubmitgliedschaften, ja selbst exklusive Firmenflugzeuge haben Hochkonjunktur. Ein österreichischer Autojournalist (Philipp Waldeck) hat schon vor ein paar Jahren geschrieben, dass man sich früher mit einem Mercedes aus der Masse abgehoben hat und in Zukunft mit einem Mercedes in die Masse abtauchen wird. Ob es wirklich so weit kommt, weiß ich nicht, aber es gibt eine eindeutige Entwicklung hin zu hochwertigen, hochpreisigen Gütern und Leistungen. Dabei scheint der Kunde durchaus genau zu unterscheiden, ob es sich nur um einen Marketing-Hype handelt oder tatsächlich um ein wertvolles, langlebiges Gut.

Kunden kaufen Werte und Nutzen

Was bedeutet das für uns Verkäufer in der Praxis?

Wenn wir davon ausgehen, dass unser Kunde bereit ist, unter Umständen einen höheren (fairen) Preis zu bezahlen, anstatt bei unserem billigeren Mitbewerber zu kaufen, dann tut dieser Kunde dies nur, wenn er den Mehrwert und den Mehrnutzen für sich oder seine Organisation erkennt. Aus dem vorherigen Kapitel wissen wir, dass nur jener Nutzen einen »Wert« im Kopf des Kunden hat, der für ihn auch relevant ist. Daher gilt für die Preisphase die besondere Wichtigkeit der Besuchsvorbereitung ebenso im Hinblick auf die Preisgestaltung und Preisnennung. Im Wesentlichen kommt es in dieser Phase auf zwei Punkte an: auf das Wann und auf das Wie. Nämlich »wann« wir unserem Kunden den Preis nennen und »wie« wir das tun. Sehen wir uns zuerst das Wann an.

Wann kommt der Preis?

Angenommen, Sie sind bei einem Kunden und haben noch gar nicht richtig mit der Bedarfserhebung begonnen.

Ihr Kunde sagt: »Hören Sie, das ist ja alles gut und recht, aber ich habe nicht sehr viel Zeit. Sagen Sie mir doch lieber gleich, wie viel Rabatt Sie mir auf Ihre Liste geben können.«

Das ist zugegebenermaßen schwierig, aber es kommt in dieser oder in ähnlicher Form immer wieder in der Praxis vor. Wichtig ist, dass wir uns dadurch nicht ins Boxhorn jagen lassen und, so gut es geht, jetzt noch keinen Preis und keinen Nachlass nennen. Vermitteln Sie Ihrem Kunden, dass Sie seinen Wunsch verstehen, aber erst wissen müssen, was er genau braucht, bevor Sie ihm einen Preis nennen können. Und Sie nehmen sich gern die paar Minuten Zeit, wenn er das auch tut. Legen Sie sich dafür vielleicht ein oder zwei so genannte »Vertröstungsformulierungen« zurecht.

Praxisbeispiele für »Vertröster«:
Wie schon am Anfang dieses Kapitels erwähnt, ist es vorteilhaft, wenn wir jeweils verschiedene Varianten für wichtige Aussagen zur Verfügung haben. Hier ein paar Varianten:

Variante 1: »Ich verstehe, Herr Wurzer, der Preis ist natürlich ein wichtiger Punkt. Bevor ich aber darauf zu sprechen komme, habe ich noch ein paar Fragen an Sie …«

Variante 2: »Ich verstehe, dass der Preis/die Kosten für Sie wichtig ist/sind. Das ist auch einer unserer größten Vorteile. Ich komme etwas später darauf zu sprechen und habe vorher noch ein, zwei Fragen …«

Variante 3: »Den Preis bestimmen Sie selbst. Er hängt völlig davon ab, welche Voraussetzungen bei Ihnen vorliegen und welche Bandbreite Sie benötigen. Dazu habe ich noch ein paar Fragen …«

Variante 4: »Ich verstehe natürlich, dass Sie als erfolgreicher Unternehmer auf die Kosten achten müssen. Gestatten Sie mir, vorher noch ein, zwei Punkte abzuklären, und dann können wir später darauf eingehen …«

Wichtig bei all diesen Vertröstungsformulierungen ist das Timing. Während Sie diese Aussage machen, blicken Sie Ihrem Kunden in die Augen, machen Sie ein freundliches Gesicht und nach der Aussage eine Pause (…), sodass Ihr Kunde zu diesem Vorschlag nicken oder Ja sagen kann. Das wird er in 99 Prozent der Fälle tun. Tut er es nicht, können Sie noch einen zweiten Vertröster probieren, und wenn Ihr Kunde dann noch immer darauf besteht, vor einer Bedarfserhebung einen Preis genannt zu bekommen, haben Sie zwei Möglichkeiten: Sie können das Gespräch mit Bedauern gleich abbrechen. Tun Sie das möglichst höflich und ohne »beleidigt« zu sein. Oder Sie geben Ihrem Kunden jetzt eine Preisindikation und laufen Gefahr, dass Sie von jetzt ab nur noch über den Preis reden und nicht mehr über Werte und Nutzen und dass damit Ihre Erfolgschancen von Minute zu Minute sinken. Die Entscheidung darüber, was Sie tun, kann Ihnen niemand abnehmen. Nach vielen Jahren im Verkauf passiert mir auch heute noch in Extremsituationen hin und wieder der Fehler, vorzeitig über den Preis zu sprechen, weil ich das Gespräch nicht abbrechen will. Letztlich vergeude ich dabei meistens nur meine Zeit. Mit anderen Worten: Ich bewundere die Kollegen, die in der Phase die Chuzpe haben, aufzustehen und sich freundlich zu verabschieden. Ich arbeite noch daran. ;-))

Zusammenfassend möchte ich die Frage »Wann kommt der Preis?« wie folgt beantworten:

Frühestens nach der Präsentationsphase und erst wenn der Kunde Kaufinteresse zeigt sowie wenn etwaige Einwände ausgeräumt sind.

Wie kommt der Preis?

Angenommen, Sie hatten ausreichend Zeit für die Bedarfserhebung und konnten auch die wichtigsten Nutzen so präsentieren, dass Ihr Kunde den Wert für sich erkannt hat. Dann geht es oft trotzdem noch darum, den Preis »zu verkaufen«. Das ist nicht immer notwendig, weil der Kunde vielleicht schon so von Ihrer Präsentation begeistert ist, dass er fast um jeden Preis kaufen will. Meist ist der unverhüllt genannte Preis

> »Das kostet dann zusammen 78.430 Euro
> inklusive Mehrwertsteuer«

ein ziemlicher Brocken, der dem Kunden nur schwer »runter«geht.

WWW

Damit der Preis nicht so »nackt« im Raum steht, haben wir eine leckere Verpackung dafür entwickelt, die wir WWW nennen (siehe Grafik 8).

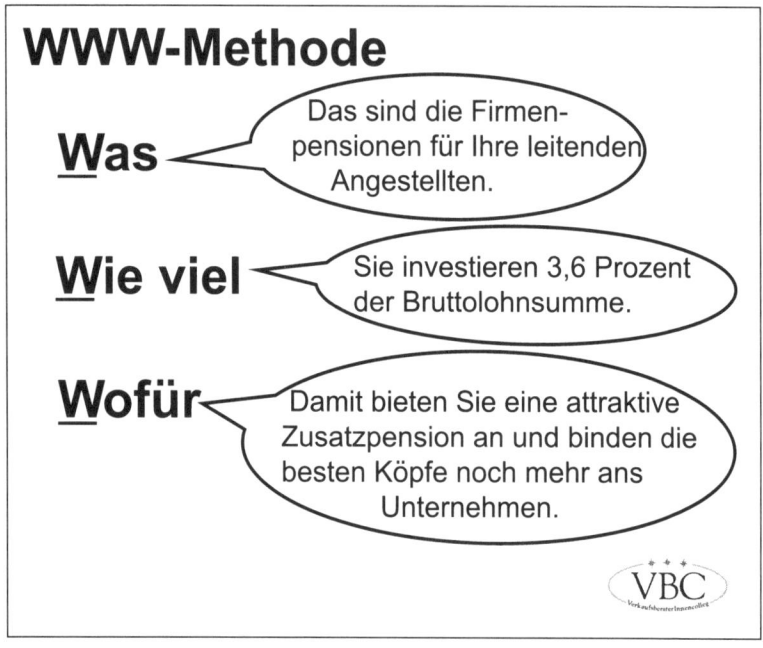

Das erste **W** steht für **Was**. Also eine Zusammenfassung, was sich alles in dem Paket befindet.

Das zweite **W** steht für **Wie viel**. Hier nennen wir den Preis, und wir verwenden den Begriff »Investition«, weil er positiver besetzt ist als das Wort »Preis« oder »Kosten«.

Und das dritte **W** steht für **Wofür**. Hier bringen wir noch einmal den wichtigsten Nutzen, den unser Kunde hat.

Praxisbeispiel:
»Es geht um 60 Flachbildschirme samt Aufstellung und Installation .«
(**Was?**) »Sie investieren 485 Euro pro Stück.« (**Wie viel?**) »Dafür profitieren Sie und Ihre Mitarbeiter von ergonomischeren Arbeitsbedingungen und bleiben länger gesund. (**Wofür?**)

Das ist ein Beispiel für eine WWW-Schleife. Mit einer derartigen Verpackung schmeckt der Preis gleich viel besser. Profis bereiten sich solche WWW-Schleifen vor, damit Sie nicht im Verkaufsgespräch welche erfinden müssen, die dann möglicherweise nicht so optimal ankommen. Vielleicht ist jetzt ein guter Zeitpunkt, für Ihre wichtigsten Produkte ein paar WWW-Schleifen zu erstellen.

Praxistipp:
Für die Preisnennung in Form einer WWW-Schleife gilt das viel zitierte »Weniger ist mehr«. Das heißt, machen Sie keine Wiederholung der Präsentation, sondern bringen Sie nur ganz kurz eine knackige Zusammenfassung, dann nennen Sie den Preis und den wichtigsten Nutzen.

Filterwörter und Unterstützer

In dem Beispiel in Grafik 8 ist Ihnen vielleicht aufgefallen, dass wir nicht geschrieben haben: »Sie zahlen so und so viel Prozent« oder »Der Preis macht so und so viel Euro aus«, sondern »Die Investition beträgt …« oder »Sie investieren …«. Worte haben oft viel mehr Macht, als uns bewusst ist. Damit und davon leben alle Profikommunikatoren, nicht nur Verkäufer. Schriftsteller, Psychologen, Journalisten und Seelsorger sind andere Berufsgruppen, die mit der Macht der Worte ihr täglich Brot verdienen. In all diesen Bereichen spielt das gesprochene oder geschriebene Wort eine wesentliche Rolle. Nicht zuletzt deshalb werden von totalitären Regimes zuallererst die regimekritischen Schriftsteller und Journalisten vertrieben, eingesperrt oder gar getötet. Totalitäre Führer wissen, wie gefährlich die Worte der Oppositionellen für ihren Machtanspruch sein können.

Auch im Verkauf und natürlich ganz speziell in der Preisverhandlung ist das der Fall. Wir unterscheiden daher unter anderem zwischen »Filterwörtern« und »Unterstützern«. Als Filterwörter bezeichnen wir Wörter und Begriffe, die beim Kunden negative Assoziationen hervorrufen können und daher für die Verkaufskommunikation ungeeignet sind. Das Gegenteil davon sind Unterstützer. Dabei handelt es sich um Wörter, die unsere Verkaufsbemühungen eher fördern.

Nachfolgend einige Beispiele für Filterwörter und Unterstützer im Verkauf im deutschen Sprachraum:

Filterwörter	Unterstützer
Kosten/Preis	Investition/Wert
Verpflichtung	Möglichkeit
Anzahlung	Anfangsinvestition
Monatliche Rate	Monatliche Investition
Kaufen	Besitzen
Verkauft/verkaufen	Vereinbarung
Unterschreiben	Einwilligung/Okay-Geben

Achtung: Hierbei handelt es sich lediglich um Beispiele, die bei einer Mehrheit der Menschen als Filterwörter und Unterstützer wirken. Das kann aber im Einzelfall und in bestimmten Branchen komplett anders sein. Das Wort Preis hat für viele Einkäufer und Unternehmer einen negativen Beigeschmack, weil es mit Kosten und Verlust assoziiert wird. Daher ist das Wort Investition oft besser, weil es mit einem langfristigen Gewinn in Verbindung gebracht wird. Für einen Sportler hingegen kann das Wort Preis aber sehr positiv behaftet sein.

6. Einwand/Vorwand

Diese sechste Stufe ist glücklicherweise nicht in jedem Verkaufsgespräch vorhanden und notwendig. Grundsätzlich gilt die Formel: Je besser die Stufen 1 bis 5 gemacht werden, desto geringer ist die Wahrscheinlichkeit, dass es tatsächlich Einwände und Vorwände gibt. Dennoch gehören Einwände zur verkäuferischen Praxis, und sie haben durchaus auch ihre Vorteile. Sehen wir uns also die Einwände aus dem Alltag etwas genauer an. Dabei fällt uns auf, dass nicht alles, was nach einem Einwand klingt, auch tatsächlich einer ist. Daher unterscheiden wir zwischen Bedingungen, Einwänden und Vorwänden.

Bedingungen

Bedingungen sind Voraussetzungen, die wir erfüllen müssen, damit ein Kunde den Kauf überhaupt in Erwägung zieht. Das können rechtliche und formalrechtliche Bedingungen, aber auch geschmackliche und weltanschauliche sein. Wenn unser Kunde beispielsweise eine Universitätsklinik ist, bei der der Gesetzgeber vorsieht, dass Röntgenapparate nur mit einem Prüfzertifikat zugelassen werden, macht es wenig Sinn, die phantastischen Vorteile unseres neuen Digitalröntgengeräts zu präsentieren, wenn dieses nicht über das erforderliche Prüfzertifikat (= Bedingung) verfügt. Da nützen dann auch die schönsten Rhetoriktricks nichts. Wenn also eine solche unverrückbare Bedingung, die wir nicht erfüllen können, vorliegt, hat es wenig Sinn, weiter Richtung Abschluss vorzupreschen. Sollten Sie jedoch Zweifel haben, ob es sich bei dieser Bedingung nicht vielleicht doch nur um einen »Vorwand« handelt, bleiben Sie noch etwas am Ball und verwenden Sie die »Einwand/Vorwand-Ausmesstechnik«, die ich Ihnen etwas später in diesem Kapitel unter dem Namen »Auspendeln« vorstellen werde.

Einwände

Für die Veranschaulichung von Einwänden verwenden wir im Training die Metapher eines Stoppschilds aus dem Straßenverkehr. Wir sagen: Einwände sind wie Stoppschilder, die uns einen wichtigen Hinweis geben. Ein Hinweis darauf, dass wir jetzt nicht »ungeschaut« mit unserer Verkaufsbemühung weiterfahren sollen, sondern einmal kurz stehen bleiben und innehalten. Dabei nach links und rechts sehen und – bildlich gesprochen – überprüfen, was denn da möglicherweise an Gefahren von links oder rechts im Hinblick auf unseren Verkaufsabschluss in Sichtweite ist. Dabei können verschiedene Ursachen seitens des Kunden zu dem Einwand geführt haben. Hinter dem Einwand können folgende Beweggründe stehen:

- Noch hat mich das Produkt/Argument nicht überzeugt.
- Noch fehlen mir Informationen/Beweise.
- Noch fehlt mir Vertrauen (in die Firma/Lösung).
- Noch ist die Lösung nicht »maßgeschneidert« genug für mich.
- Noch fühle ich mich hilflos (bin überfordert/verwirrt).
- Noch habe ich keine große »Kauflust«.
- Noch passt mir »persönlich« etwas nicht.
- Noch ist das Gespräch zu sehr monologhaft (ich wurde noch gar nicht nach meiner Meinung gefragt).

Bei all diesen möglichen Beweggründen steht am Anfang das Wörtchen »noch«. Daraus abgeleitet behaupte ich:

»Noch ist nichts verloren!«

Der Kunde gibt uns nur ein wichtiges Signal mit diesem Stoppschild. Immerhin zeigt der Kunde noch Interesse und ist gedanklich bei der Sache. Würde er nämlich während des Gesprächs bereits an etwas anderes denken, könnte er auch keinen Einwand formulieren.

Praxisbeispiel:
Angenommen Sie sind Key-Account-Manager bei einer internationalen Speditions- und Logistikfirma. Sie haben einen Termin mit einem Top-Entscheidungsträger eines interessanten potenziellen Kunden. Dieser überlegt, seine eigenen Lkws abzustoßen und für die Transportdienstleistungen zwischen seinen verschiedenen Standorten in Europa einen einzigen Anbieter auszuwählen. Die Bedarfserhebung und einige Beispielkalkulationen haben Sie in den letzten Wochen

selbst gemacht, und Sie haben soeben einen konkreten Vorschlag präsentiert. Sie freuen sich darüber, dass Ihr Kunde keine Einwände bringt, und rechnen sich gute Chancen auf den Auftrag aus. In Wirklichkeit denkt Ihr Kunde Folgendes:

»Hm, heute Nachmittag möchte ich mit Rudi Golf spielen gehen. Jetzt habe ich meine Ausrüstung aber in der Früh zu Hause vergessen. Soll ich sie selber holen oder eventuell jetzt meinen Chauffeur schnell vorbeischicken, dann spare ich mir etwas Zeit. Andererseits wollte Rudi den Termin noch rückbestätigen, er hat bis jetzt aber nicht angerufen ...«

Dieser Kunde ist gedanklich überhaupt nicht bei der Sache und wird Sie mit ein paar höflichen Floskeln zu verabschieden versuchen.

Wenn wir nun die vorher erwähnten potenziellen Hintergründe von Einwänden analysieren, kommen wir auf folgende Gruppen: fehlende Informationen, Missverständnisse und Unklarheiten, andere Vorstellungen beziehungsweise Meinungen.

Fehlende Informationen

Wenn Sie beim Nachfragen darauf kommen, dass Ihrem Kunden Informationen fehlen, dann liefern Sie diese, so gut es geht, nach.

Missverständnisse und Unklarheiten

Missverständnisse und Unklarheiten sind die häufigsten Ursachen von Einwänden. Daher noch einmal abklären, ob Sie in der Bedarfserhebung Ihren Kunden richtig verstanden haben und ob er in der Präsentation den Nutzen richtig verstanden hat (MNC-Schleife).

Andere Vorstellungen beziehungsweise Meinungen

Das sind oft die am schwierigsten zu lösenden Einwände: wenn Ihr Kunde einfach eine andere Vorstellung davon hat, wie man sein Problem lösen kann, und zwar eine Vorstellung, die Sie ihm nicht bieten können. Angenommen, Sie verkaufen ein serviceintensives Investitionsgut (beispielsweise eine Foliendruckmaschine) und Ihr potenzieller Kunde sitzt im Raum Düsseldorf. Ihre Firmenzentrale und der nächste Servicestützpunkt sind allerdings in Frankfurt. Der Kunde bemängelt (hat den Einwand), dass Ihr Mitbewerber eine Serviceniederlassung in zehn Kilometern Entfernung vom Kundenstandort betreibt. Das muss nicht unbedingt eine Bedingung sein (siehe oben), aber es ist doch ein Einwand, den Sie nicht so einfach lösen können.

In solchen Fällen hilft meistens nur das so genannte Aufwiegen. Wenn Sie Ihrem Kunden viele andere Vorteile und Nutzen bieten (die für ihn auch relevant sind), dann können Sie diese ins Treffen führen, und idealerweise werden Sie den kleinen Nachteil des weit entfernten Servicestandorts für den Kunden aufheben.

Vorwände

Bei Vorwänden handelt es sich um »vorgeschobene« Einwände. In Wirklichkeit steht ein anderer Grund hinter dieser »Wand«.

Praxisbeispiel:
Angenommen, Sie sind Außendienstmitarbeiter einer bekannten, großen Kaffeerösterei und verkaufen Ihren hochwertigen Markenkaffee samt Maschinen, Geschirr, Einschulung und Zubehör an Gastronomiebetriebe. Sie haben in einem namhaften Hotel bei einer Blindverkostung mit Küchenchef, Serviceleiterin und Geschäftsführer den dort seit Jahren angebotenen Kaffee geschmacklich geschlagen. Jetzt sitzen Sie mit dem Einkaufsleiter zusammen, dem Sie ein attraktives Gesamtpaket (inklusive Maschinen, Einschulung und speziell für das Hotel bedruckte Designer-Espressotassen) geschnürt haben. Ihr Kunde sagt: »Mir persönlich gefällt Ihr Angebot recht gut, aber bevor wir umstellen, möchte ich noch einmal mit dem Eigentümer Rücksprache halten.«

So, ist das nun ein Einwand oder ein Vorwand? Die Antwort ist: Es kann beides sein. Es kann nämlich tatsächlich so sein, dass der Einkäufer mit dem Eigentümer diese große Umstellung bespricht. Es kann aber auch sein, dass der Einkäufer sich mit den bestehenden Lieferanten noch einmal besprechen will, sodass der sein Angebot noch einmal nachbessert und den Geschmackstest mit einer anderen Röstsorte erneut gegen Sie aufnehmen kann. Manche werden sich jetzt fragen:»Wozu die lange Erklärung? Was soll's, der Unterschied ist doch nicht so wichtig?«

Wie wichtig es ist zu wissen, ob es sich nur um einen Vorwand oder um einen echten Einwand handelt, erkennen wir dann, wenn wir das Gespräch weiterführen. Nehmen wir einmal an, es handelt sich um einen Vorwand (der Kunde will nicht wirklich mit dem Eigentümer sprechen, sondern mit seinem Haus- und Hoflieferanten). Sie gehen aber davon aus, dass es sich um einen Einwand handelt, und werden als guter Verkäufer zum Beispiel Folgendes tun: Sie versuchen sich in das Gespräch mit dem Eigentümer hineinzureklamieren. In etwa mit folgender Begründung:»Sie können mich für das Gespräch mit dem Eigentümer gerne beiziehen. Das spart Ihnen beiden Zeit, weil ich auftretende Fragen dann gleich beantworten kann.« Ihr Kunde wird sich jetzt winden und weitere Ausflüchte finden:»Der Eigentümer will das nicht« oder»Den erreiche ich jetzt nicht« etc. Weil er ja nicht zugeben will/kann, dass er in Wirklichkeit eine andere Strategie verfolgt. Als Verkäufer holen wir uns in einer solchen Situation ein Frusterlebnis, weil unsere gut gemeinte Einwandlösung nicht funktioniert und wir sozusagen»leere Kilometer« machen.

Daher wäre es ideal, wenn wir ein Messinstrument hätten, mit dem wir messen könnten, ob es sich bei einer nicht ganz eindeutigen Kundenaussage um einen Einwand oder nur um einen Vorwand handelt. Sie haben es schon erraten, dieses Instrument gibt es, und ich werde Sie nicht länger auf die Folter spannen.

Auspendeln

Auspendeln ist der Name für das Messinstrument, mit dem Sie den Unterschied zwischen Einwand und Vorwand herausfinden. Die Technik wird von verschiedenen Autoren beschrieben und ist eines der großartigen Werkzeuge im Instrumentarium von Profiverkäufern. Aber Achtung! Es handelt sich lediglich um ein Messinstrument – ähnlich einem Meterstab oder einer Wasserwaage. Mit einem Meterstab können Sie keine Löcher in die Decke bohren und auch keine Vorhangstange montieren. Sie können aber abmessen, wohin Sie die Löcher haben wollen und wie lange die Vorhangstange sein soll. Mit anderen Worten: Mit dem Messinstrument des Auspendelns können Sie keine Einwände lösen, sondern lediglich herausfinden, ob es sich um einen Einwand oder Vorwand handelt.

Auspendeln funktioniert in drei Schritten:

1. **Nehmen Sie den Einwand/Vorwand an** und zeigen Sie Verständnis.
2. **Wiederholen Sie die Kundenaussage** möglichst wortwörtlich (ohne Wertung, ohne Interpretation).
3. **Stellen Sie eine nutzenorientierte Frage zu einem anderen Punkt** (eben nicht zum Einwand, aber natürlich zum besprochenen Projekt).

Wenn der Kunde erneut mit dem Einwand wiederkommt, dann zeigt Ihr Messinstrument einen echten Einwand an. Bringt der Kunde den vorher genannten Einwand nicht mehr wieder, so handelt es sich um einen Vorwand.

Praxisbeispiel:
Nehmen wir noch einmal die vorherige Geschichte mit dem Einkaufsleiter des Hotels. Ihr Kunde sagt also:»Mir persönlich gefällt Ihr Angebot recht gut, aber bevor wir umstellen, möchte ich noch einmal mit dem Eigentümer Rücksprache halten.«

Auspendelphase 1:
Verkäufer:»Ich verstehe, Herr Banner …«

Auspendelphase 2:
»… Ihnen gefällt die Sache recht gut, und Sie wollen mit dem Eigentümer Rücksprache halten.« (Sie wiederholen nicht den ganzen Satz, verwenden jedoch die Worte des Kunden.)

118

Achtung: Jetzt eine kurze Pause machen mit gutem Blickkontakt, sodass der Kunde seinen eigenen Einwand abnicken oder sogar verbal Ja dazu sagen kann.

Auspendelphase 3:
Verkäufer: »Sagen Sie, wie gefallen Ihnen denn die speziell für Sie designten Espressotassen?«

Bei einem **echten Einwand** würde der Kunde in etwa wie folgt antworten: »Ja, ja, die Tassen finde ich sehr schön, aber ich bespreche mich bei so grundsätzlichen Entscheidungen immer mit dem Eigentümer.« In dem Fall macht es durchaus Sinn, dass wir jetzt (wie vorher beschrieben) versuchen, uns in dieses Gespräch hinein zu empfehlen (also den Einwand zu »behandeln«).

War es jedoch nur ein **Vorwand**, klingt die Antwort des Kunden in etwa so: »Ja, die Tassen gefallen mir sehr gut. Sie sind auch bei unserem Serviceleiter gut angekommen. Ist dieses spezielle Design dann auch für unsere Industriespülmaschinen geeignet?« Der Kunde ist jetzt nicht mehr mit dem ursprünglichen Einwand/Vorwand gekommen, und Ihr Messinstrument sagt daher, dass es sich um einen Vorwand gehandelt hat.

In dem Fall haben wir die Sache zwar noch nicht gelöst, wir haben ja nur ausgemessen. Aber wir wissen, dass es sich nicht um einen Einwand handelt, und kümmern uns nicht mehr darum. Das heißt, wir arbeiten weiter in Richtung Abschluss. Ob wir dabei herausfinden, was hinter der Wand (Vorwand) steht, ist dabei zweitrangig.

Wenn Sie also dieses geniale Instrument in Ihrer Praxis anwenden wollen, so beginnen Sie am besten sofort damit. Pendeln Sie sicherheitshalber alle möglichen Einwände aus. Auch Einwände, bei denen Sie von vornherein wissen, ob es sich um einen Einwand oder um einen Vorwand handelt. Dadurch bekommen Sie einfach mehr Übung mit dem Messinstrument. So können Sie gleich überprüfen, ob Ihre Vermutung stimmt oder nicht. Für den Kunden ist es einerlei. Er merkt ja nicht, dass seine Aussage gerade »ausgemessen« wird, stattdessen hat er mit Ihnen ein angenehmes Gespräch, und die paar Sekunden des Auspendelns sind auf jeden Fall gut investierte Zeit.

Einwände lösen

Bis jetzt haben wir gelernt, Bedingungen von Einwänden und Vorwänden zu unterscheiden. Und dann, mittels Auspendeln herauszufinden, ob es sich um einen Einwand oder um einen Vorwand handelt. Wenn jetzt das Auspendeln ergeben hat, dass es sich bei der Kundenaussage um einen echten Einwand handelt, dann sollten wir den in den meisten Fällen auch lösen.

Oft wird auch von »Einwandbehandlung« gesprochen. Das meint meistens dasselbe, aber Behandlung klingt so, als wäre ein Einwand eine Krankheit, die er ja nicht ist. Wenn Sie sich ein paar Minuten Zeit nehmen und die Einwände, mit denen Sie in Ihrer Praxis konfrontiert werden, aufschreiben, werden Sie feststellen, dass es sich um keine allzu große Anzahl handelt. Wenn man alle Bedingungen abzieht und nur die echten Einwände (die ja meistens auch Vorwände sein können) ansieht, dann ist es meistens nur noch eine Zahl zwischen 10 und 20. Ziehen Sie dann noch die ab, bei denen es sich um fehlende Informationen, Missverständnisse und Unklarheiten handelt, bleiben meist nicht mehr so viele Einwände übrig. Das sind dann allerdings oft Einwände, die (in den Augen unseres Kunden) »echte« Nachteile gegenüber dem Mitbewerber bedeuten. Wie vorher bereits erwähnt, können wir in so einem Fall meist nur diesen einen »echten Nachteil« gegenüber unseren vielen Vorteilen und Nutzen für den Kunden aufwiegen. Für die Einwandlösung oder Einwandbehandlung gibt es folgende Schritte; die ersten beiden kennen Sie schon vom Auspendeln:

1. **Nehmen Sie den Einwand an** und zeigen Sie Verständnis.
2. **Wiederholen Sie die Kundenaussage** möglichst wortwörtlich (ohne Wertung, ohne Interpretation).
3. **Isolieren Sie den Einwand und hinterfragen Sie ihn** (finden Sie heraus, ob es sich um ein Missverständnis, um fehlende Informationen oder andere Vorstellungen/Meinungen handelt).
4. **Lösen Sie den Einwand** (Ihr Vorschlag, den Sie für diesen Einwand idealerweise bereits vorbereitet haben).
5. **Checken Sie ab,** ob der Kunde mit der Lösung einverstanden ist.

Praxisbeispiel:
Sie sind jetzt einmal Versicherungsverkäufer. Der Fuhrparkleiter eines mittelständischen Unternehmens, Herr Berger (Ihr potenzieller Kunde), ist dabei, neue Vollkaskoversicherungspolicen für die 120 Dienstautos einzukaufen. Es gab bereits eine kleine, geschlossene Ausschreibung, und der Fuhrparkleiter sitzt mit den Repräsentanten der drei Finalisten zusammen (heute also mit Ihnen ;-)).

Kunde:»Ihr Angebot gefällt mir recht gut, und Ihr Unternehmen hat grundsätzlich einen guten Ruf bei uns. Die Konditionen und Rahmenbedingungen sind soweit okay, aber Ihr Selbstbehalt ist fast doppelt so hoch wie bei einem der anderen beiden Finalisten.«

Einwandlösung Phase 1:
Sie:»Mhm …, ich verstehe …«

Einwandlösung Phase 2:
Sie:»… unser Angebot gefällt Ihnen, und unsere Selbstbehalte sind fast doppelt so hoch wie bei einem der anderen Anbieter.«

(Kurze Pause machen mit gutem Blickkontakt, bis Herr Berger seinen eigenen Einwand abnickt oder Ja dazu sagt.)

Einwandlösung Phase 3:
Sie:»Verstehe ich Sie richtig, Herr Berger, dass außer den etwas höheren Selbstbehalten nichts mehr gegen unser Angebot spricht?«

(Kunde nickt wieder oder bejaht die Frage.)

Einwandlösung Phase 4:
Sie:»Sehen Sie, wir haben bewusst etwas höhere Selbstbehalte gewählt, damit wir die Prämien noch günstiger anbieten können als vergleichbare Qualitätsversicherer. Andere Kunden mit einem ähnlichen Fuhrpark wie Sie haben mit einer Betriebsvereinbarung die Selbstbehalte zum Teil oder zur Gänze an die entsprechenden Mitarbeiter ausgelagert. Das hat dazu geführt, dass nachweislich noch weniger Schäden entstanden sind und wir in weiterer Folge die Prämien sogar noch weiter reduzieren konnten.«

121

Einwandlösung Phase 5 (checken):
Sie:»… Was halten Sie davon?«

Im obigen Beispiel sind Sie davon ausgegangen, dass der Einwand »echt« war. Bei Zweifeln hätten Sie davor noch Auspendeln können. Das **Auspendeln** würde wie folgt klingen:

Auspendeln Phase 1:
Sie:»Mhm …, ich verstehe …«

Auspendeln Phase 2:
Sie:»… unser Angebot gefällt Ihnen, und unsere Selbstbehalte sind fast doppelt so hoch wie bei einem der anderen Anbieter.«

(Warten, bis der Kunde seinen Einwand abnickt.)

Auspendeln Phase 3:
Sie:»Wie gefällt Ihnen unsere einfache Online-Schadensabwicklung?«

Das **Messergebnis** des Auspendelns kann jetzt wieder entweder **Einwand** (Kunde bringt den Einwand mit den höheren Selbstbehalten noch einmal) oder **Vorwand** (Kunde kommt nicht mehr auf den Einwand zurück) bedeuten.

Mit einer guten Einwandlösung oder Einwandbehandlung lässt sich, speziell wenn die Phase 3 des Isolierens und Hinterfragens gut gemacht wird, sehr oft gleich ein Abschluss daranhängen. Achten Sie bei all diesen Formulierungen und Methoden darauf, dass Sie dabei natürlich bleiben und Ihre Aussagen wie Plauderei klingen. Sie werden auch erleben, wie sicher und souverän Sie werden, wenn Sie damit etwas Übung haben und auch auf die häufigsten Einwände schon Lösungen bereit haben. Auch hier gilt die im fünften Kapitel erwähnte Empfehlung, möglichst mehr als jeweils eine Variante pro Standardeinwand bereit zu haben.

7. Abschluss

Nach einer guten Präsentation und dem richtigen Umgang mit Bedingungen, Einwänden und Vorwänden kommen wir jetzt zum Verkaufsabschluss. Das Wort an sich ist etwas irreführend, weil es nach wegsperren oder zusperren klingt. In Wirklichkeit ist der Verkaufsabschluss – speziell, wenn der Kunde das erste Mal bei uns kauft – die Eröffnung der Kundenbeziehung. Es gibt Hunderte verschiedene Abschlusstechniken in der Verkaufsliteratur und in der Praxis. Die sieben erfolgsreichsten können Sie auch in dem Buch »Kundensignale erkennen – Verkaufschancen nutzen« meines Kollegen Niklas Tripolt nachlesen (siehe Literaturliste). Im vorliegenden Buch beschränke ich mich daher auf die wichtigsten drei Erfolgshebel für den Verkaufsabschluss. Wenn Sie diese drei Hebel kennen und richtig einsetzen, werden Sie bereits überdurchschnittlich erfolgreich sein, ohne »bewusst« eine bestimmte Abschlusstechnik zu verwenden. Bevor ich auf diese drei Erfolgshebel einzeln eingehe, noch ein paar grundsätzliche Gedanken vorweg.

Emotionale Entscheidungen

Wann immer Verhaltensforscher, Kommunikationswissenschaftler und Verkaufsexperten Untersuchungen zum Kaufverhalten machen, zeigt sich, dass wir Menschen unsere Kaufentscheidungen zu einem überwiegenden Teil auf der emotionalen Ebene fällen. Dabei variieren die Forschungsergebnisse zwischen zirka 80 und bis zu 93 Prozent (Dr. Kurt Glücksburg, Lichtenstein). Obwohl diese Tatsache schon länger bekannt ist, sickert deren praktische Konsequenz nur sehr langsam in unsere Köpfe und in unsere tägliche Arbeit im Verkauf ein. Wenn nämlich nur sieben bis maximal 20 Prozent des Entscheidungseinflusses auf der Sachebene basieren, verlieren Aspekte wie Preis, technische Daten, spezifische Merkmale, Größe, Gewicht etc. massiv an Bedeutung. Natürlich sollte der Preis in einer gewissen Bandbreite und die spezifischen Merkmale funktional sein. Doch die Produkte ähneln sich ja ohnehin immer mehr, und über reine Produktmerkmale können wir uns ja in der Praxis immer seltener vom Mitbewerb unterscheiden. Wir müssen in unserer täglichen Arbeit der emotionalen Ebene noch viel mehr Bedeutung beimessen.

Die emotionalen Kaufentscheidungsgründe können sein: Gefühle, Stimmung, Farbe und Formen, bisher Erlebtes (im Unterbewusstsein abgespeichert), Beziehung zum Verkäufer oder zum Unternehmen etc.

Praxistipp:
Stellen wir uns vor, während und nach dem Verkaufsgespräch folgende Fragen:

Wie wohl fühlt sich mein Kunde?
Wie entspannt ist mein Kunde?
Wie sehr scheint mein Kunde mir zu vertrauen?
Welche Gefühle löst mein Angebot beziehungsweise Vorschlag bei ihm aus?
Wie sicher wirkt mein Kunde?

Kaufsignale

Wenn ein Kunde gedanklich bereits mit der Kaufentscheidung liebäugelt, können wir das meist in Form von Kaufsignalen beobachten. Diese Signale sind oft sehr subtil, und es liegt an uns Profiverkäufern, unsere Sinne – hauptsächlich das Sehen und Hören – zu schärfen. Mit einem sensiblen Gespür ausgestattet, können wir diese oft ganz unterschwelligen Signale besser erkennen und leichter richtig deuten. Dabei unterscheiden wir zwischen sprachlichen und nicht sprachlichen Kaufsignalen. Dazu einige Beispiele:

Nicht sprachliche (nonverbale) Kaufsignale

• Der Kunde nickt bei bestimmten Argumenten, die ihn betreffen.
• Die Gestik des Kunden unterstreicht die Aussagen des Verkäufers im positiven Sinn.
• Die Körpersprache ist harmonisch mit der des Verkäufers.
• Der Kunde greift nach Mustern oder Unterlagen.
• Der Kunde verändert seine Sitzposition (rückt näher heran).

Sprachliche (verbale) Kaufsignale

- Der Kunde unterstreicht die Aussagen des Verkäufers (»Da haben Sie Recht, das sehe ich auch so«).
- Der Kunde stellt zum Beispiel Fragen zu bereits besprochenen Punkten.
- Der Kunde stellt Fragen nach Einzelheiten zur Produkt- oder Serviceanwendung.
- Der Kunde stellt Fragen zu Lieferzeit und Konditionen.
- Der Kunde fragt nach Fürsprechern (Testzertifikate, Referenzen oder Ähnliches).
- Der Kunde erwähnt eine persönliche Empfehlung (zum Beispiel: »Ja, diese Lösung wurde mir bereits von einem Kollegen im Marketingclub empfohlen«).
- Fragen nach dem Danach (wenn der Kunde in seiner gedanklichen Welt bereits in der Zukunft ist und in dieser Zukunft unser Produkt oder Service verwendet).
- Auch Fragen nach dem Motto »Wie würden Sie entscheiden?« sind starke verbale Signale.

Wenn Sie also körpersprachliche oder sprachliche Kaufsignale Ihres Kunden empfangen, dann können Sie bereits einen Abschlussversuch unternehmen. Lassen Sie sich und Ihrem Kunden dabei aber Zeit und sorgen Sie für eine entspannte Atmosphäre. Verstärken Sie zuerst den Kunden in seiner emotionalen Befindlichkeit, oder bei sprachlichen Verkaufssignalen bestätigen Sie seine Aussagen im positiven Sinne.

Am Kapitelanfang habe ich Ihnen die wichtigsten drei Erfolgshebel für den Verkaufsabschluss versprochen. Beginnen wir mit dem ersten:

Erster Erfolgshebel: Verkaufsabschluss vorwegnehmen

Damit meine ich, dass Profiverkäufer die Kaufentscheidung innerlich (emotional) bereits für den Kunden fällen, bevor Sie den ersten Abschlussversuch machen. Das heißt, Sie kommen mit Ihrem guten Fachwissen und einer soliden Bedarfserhebung nach bestem Wissen und Gewissen für sich zum Schluss, dass diese Entscheidung, die Sie jetzt dem Kunden vorschlagen, die absolut Beste für ihn ist. Sie sagen innerlich bereits Ja zum Verkaufsabschluss. Wenn Sie innerlich Zweifel haben und der Meinung sind, dass Ihr Angebot vielleicht nicht optimal passt oder der Preis des Mitbewerbers sicher billiger ist und Sie als Kunde auch beim Mitbewerber kaufen würden, haben Sie sehr schlechte Karten. Allerdings gehen wir nicht bereits mit der Einstellung, dass der Kunde genau diese Kaufentscheidung fällen wird, zum Kunden, solange wir keine Bedarfserhebung gemacht haben. Wir gehen also durch den Verkaufsprozess in den einzelnen Stufen von 1 bis 6 und fällen dann – so in der Stufe 4 oder 5 – bereits innerlich die Entscheidung. Und wenn Sie sich Ihrer Sache sicher, also selbst davon überzeugt sind, dann können Sie diese Sicherheit ausstrahlen. Wer nicht zumindest die Sicherheit oder besser noch das Feuer der Begeisterung in sich trägt, wird andere nicht damit anstecken können.

Zweiter Erfolgshebel: Nach dem Auftrag fragen

Das klingt banal und ist es an sich auch. Zumindest auf den ersten Blick. Denn Studien zeigen immer wieder, dass sieben bis acht von zehn Verkäufern nicht nach dem Auftrag fragen, sondern geduldig warten, bis der Kunde von sich aus sagt: »Ich will das kaufen.« Dieses »Selber-nicht-fragen-Wollen« hat als Hintergrund meist die Angst vor dem Nein. Solange der Kunde und ich uns gut unterhalten und ich nicht nach dem Auftrag frage, kann nichts passieren. Diese Einstellung ist an sich verständlich, jedoch für den Verkaufsabschluss kontraproduktiv. Die Angst vor dem Nein können wir uns dadurch nehmen, dass wir uns vor Augen halten, dass der Kunde nicht Nein zu mir als Person sagt oder zu meiner Firma. Der Kunde sagt nur Nein zum jetzigen Vorschlag unter den jetzigen Bedingungen. Das heißt, bei einem Nein ist nicht alles verloren, und es geht nicht darum, den Kunden dann von seinem Nein auf ein Ja umzustimmen. Besser wir akzeptieren das Nein und machen dem Kunden einen **neuen Vorschlag** unter **anderen Voraussetzungen** (zum Beispiel ein anderes Produkt oder eine andere Kombination), zu dem der Kunde eine neue Entscheidung fällen kann. Niemand revidiert gern seine

Entscheidungen innerhalb von wenigen Minuten, aber eine **neue Entscheidung** unter **neuen Gesichtspunkten** ist für jeden okay.

Also, ich fasse zusammen: Der zweite Erfolgshebel ist: Die Frage nach dem Auftrag zu stellen.

Dritter Erfolgshebel: Den Mund halten

Das klingt ebenso banal wie »Fragen stellen«, ist aber in der Praxis oft unglaublich schwierig und für manche Verkäufer fast unmöglich.

Praxisbeispiel:
Kunde: »Das klingt ja alles recht viel versprechend, aber wir müssten die Lieferung unbedingt noch vor Monatsende in unserem Zentrallager haben.«
Verkäufer: »Ich verstehe. Also, wenn wir es schaffen könnten, noch vor Monatsende an Ihr Zentrallager zu liefern, würden Sie mir heute den Auftrag gleich mitgeben?« (die Abschlussfrage!)

Jetzt entsteht eine Pause. Der Kunde blickt entweder starr vor sich hin und durch den Verkäufer durch, oder seine Augen bewegen sich in verschiedene Richtungen. Hören wir, was weiter passiert:

Verkäufer: »Tja, weil nämlich, wir könnten dann die Werbekampagne gleich ausnützen, und Sie würden dadurch wie gesagt sicher mehr abverkaufen können, bla, bla, bla.«

Dadurch wird der Kunde jetzt aus seiner Konzentration gerissen. Wenn unser Verkäufer es aber schafft, nach der Abschlussfrage einfach zu schweigen und ein freundliches Gesicht zu machen, kann der Kunde ungestört nachdenken und kommt viel eher zu einer positiven Entscheidung.

Der dritte Erfolgshebel ist also: nach der Abschlussfrage unbedingt schweigen, auch wenn es noch so schwer fällt. Sie werden sehen, es fällt Ihnen viel leichter zu schweigen, wenn Sie innerlich die Entscheidung bereits getroffen haben (siehe erster Erfolgshebel).

Empfehlungen

Spätestens an dieser Stelle sind ein paar Gedanken zum oft weit unterschätzten und meines Erachtens mächtigsten Neukundengenerator angebracht: der persönlichen Empfehlung. Wenn Sie das Glück haben, vor lauter Kundenanfragen nicht zu wissen, wo Ihnen der Kopf steht, dann können Sie diesen Teil getrost überspringen. Sind Sie aber, wie ich und die meisten Kolleginnen und Kollegen, durchaus an neuen Kunden interessiert, dann »rate« ich Ihnen wärmstens zur Empfehlung. Jeder, der schon einmal versucht hat, Kunden kalt zu akquirieren (das heißt, noch unbekannte Kunden entweder telefonisch oder persönlich zu kontaktieren), weiß, wie aufwendig und teilweise frustrierend diese Arbeit sein kann. Die anderen Methoden, um an Neukunden (oft auch »Leads« genannt) zu kommen, werden meist von der Marketingabteilung initiiert und kosten recht viel Geld. Dabei geht es um klassische Werbung, um Direktmarketing, um Auftritte bei Messen und Veranstaltungen etc. Durch aktives »Empfehlungsverkaufen« können Sie sich Ihre Neukundenpipeline füllen, und zwar, ohne einen zusätzlichen Cent investieren zu müssen. Am erfolgreichsten funktioniert das Generieren von Empfehlungen in zwei Phasen: dem Säen und dem Ernten.

Die Aussaat

Machen Sie es sich zur Gewohnheit, bei jedem Neukundengespräch (und bei jedem bestehenden Kunden, bei dem Sie es noch nicht gemacht haben) irgendwann den Samen für eine Empfehlung auszustreuen. Das geht an fast jeder Stelle des 8-Stufen-Prozesses. Ich mache es meistens irgendwo beim Beginn der Stufe 4, der Bedarfserhebung.

Praxistipp:
Angenommen, Sie sitzen beim Neukunden und haben den Gesprächseinstieg und den Beziehungsaufbau recht gut bewerkstelligt. Machen Sie nun in der ersten Hälfte der Bedarfserhebung in etwa folgende Aussage: »Lieber Kunde, mir geht es bei unserem heutigen Gespräch nicht darum, Ihnen schnell oder nur einmal etwas zu verkaufen. Nein, ich möchte, dass Sie so zufrieden mit mir und mei-

nem Unternehmen sind, dass Sie auch noch in zehn Jahren bei uns kaufen und Sie mir auch andere Kunden empfehlen.«

Stimmen Sie die Formulierung auf Ihren persönlichen Stil ab und machen Sie sich vielleicht noch zwei oder drei Varianten (zum Beispiel eine neutrale, eine akademische, eine kumpelhafte). Bauen Sie diese fix in Ihre Erstgespräche ein. Das hat den großen Vorteil, dass Sie sich nicht notieren müssen, wo Sie ausgesät haben, sondern Sie können davon ausgehen, dass Sie gesät haben, um dann zum richtigen Zeitpunkt, wenn die Empfehlungen reif sind, zu ernten.

Die Ernte

Der optimale Zeitpunkt für die Ernte der Empfehlung ist, wenn Ihr Kunde etwas gekauft hat und mit seiner Kaufentscheidung zufrieden ist. Nutzen Sie diese erste Phase der Begeisterung und warten Sie nicht, bis dieses Gefühl beim Kunden verblasst ist und Ihre Lieferung oder Ihr Service für ihn selbstverständlich geworden ist. Nehmen Sie ein Nachbetreuungsgespräch zum Anlass für die Ernte.

Praxistipp:
Wenn Sie also beim Kunden sitzen, der vor kurzem gekauft hat und mit seiner Entscheidung zufrieden ist und der Ihnen das gerade im Gespräch bestätigt hat, sagen Sie in etwa Folgendes: »Lieber Kunde, es freut mich sehr, dass Sie mit XY so zufrieden sind. Vielleicht erinnern Sie sich noch an das, was ich vor ein paar Monaten gesagt habe. Bei unserem ersten Gespräch habe ich erwähnt, ich möchte nicht nur, dass Sie nur einmal etwas von uns kaufen, sondern dass Sie wirklich zufrieden sind. So zufrieden, dass Sie mich und meine Leistung auch weiterempfehlen. (kurze Pause, Augenkontakt, freundliches Gesicht, eventuell leicht nicken) Wer von Ihren Geschäftsfreunden könnte denn den Vorteil XY genauso gut brauchen wie Sie?« (jetzt schweigen wie bei der Abschlussfrage)

Wenn der Kunde Ihnen Empfehlungen gibt, schreiben Sie diese auf, lassen Sie sich so viele Daten wie möglich geben (Telefonnummer, Handynummer, E-mail-Adresse). Im Idealfall wird Ihr Kunde Sie sogar (telefonisch) vorankündigen. Machen Sie es sich zur Gewohnheit, über solche Empfehlungen Buch zu führen und dem Empfehlungsgeber später auch ein Feedback zu geben. Die Erfahrung zeigt, dass uns ein Kunde, der zufrieden ist, gerne weiterempfiehlt und dafür auch in den meisten Fällen keine monetäre Zuwendung will. Allerdings ist es gut und professionell, sich beim Empfehlungsgeber zu bedanken und ihn darüber auf dem Laufenden zu halten, was aus der Empfehlung wurde. Wenn der Empfehlungsgeber von Ihnen hört, dass der Empfohlene durch Sie jetzt auch einen Zusatznutzen hat und zufrieden ist, wird er sich freuen und Ihnen tendenziell noch weitere Empfehlungen geben. Ein Trainerkollege aus Deutschland (Klaus Fink) empfiehlt in seinen Trainings auch, einen Empfehlungsstammbaum aufzuzeichnen und im Büro oder im Home-Office aufzuhängen. Sie nehmen also einen großen Zettel oder eine Flipchartseite und schreiben sich auf, wer wen empfohlen hat, mit Verbindungslinien wie bei einem Organigramm. Wenn Sie das konsequent durchführen, werden Sie explosionsartige Verästelungen erleben, und Sie können sich von anderen Neukundenakquisitionsformen mehr und mehr verabschieden. Allein die Empfehlungen werden Ihnen ausreichend Neukunden und Geschäfte einbringen.

Einphasige Empfehlungen

Natürlich kann man auch nach einer Empfehlung fragen, ohne vorher gesät zu haben. Das geht auch, wenn der Kunde gar nicht bei uns gekauft hat. Beispielsweise haben Sie ein gutes Gespräch mit einem Kunden und präsentieren ein Angebot, das ihm gut gefällt. Er will oder kann aber aus bestimmten Gründen (zum Beispiel langfristige Verträge mit seinem jetzigen Lieferanten etc.) nicht kaufen. Niemand kann Sie daran hindern, auch hier nach einer Empfehlung zu fragen. Die Erfolgswahrscheinlichkeit ist nicht so groß wie bei der zweiphasigen Variante, aber es ist immer noch preiswerter als jedes Direktmailing. Bei all diesen Aktivitäten hilft es, wenn wir uns vor Augen führen, welche Vorteile und Nutzen wir unseren Kunden mit unserem Angebot verschaffen. Das nimmt uns dann die manchmal vorhandene Hemmschwelle, um die Frage nach der Empfehlung auch zu stellen.
Deshalb: Fragen Sie nach dem Auftrag, fragen Sie nach Empfehlungen, trauen Sie sich, und Sie werden unglaublich erfreuliche Dinge erleben!

8. Nachbetreuung

Zu Beginn des vorigen Kapitels habe ich erwähnt, dass der Verkaufs-abschluss nicht das Ende, sondern idealerweise den Beginn einer erfolgreichen Lieferanten-Kunden-Beziehung darstellt. Ob das im Einzelfall wirklich so ist, entscheidet sich genau hier in der achten Stufe, in der Nachbetreuung. Jetzt trennt sich verkäuferisch gesehen die sprichwörtliche Spreu vom Weizen. Profiverkäufer sehen es als ihre persönliche Verantwortung, dafür zu sorgen, dass ihre Kunden nach einem Kauf optimal nachbetreut werden. Nicht in allen Fällen wird das vom Verkäufer persönlich gemacht. Je nach Unternehmen, Produkt und Organisation gibt es eigene Abteilungen oder Teams, die sich darum kümmern. Selbst wenn Sie die Nachbetreuung nicht per-sönlich vornehmen, so sorgen Sie idealerweise im Hintergrund dafür, dass alles rund und wie versprochen läuft.

Erinnern Sie sich bitte jetzt an eine Situation, in der Sie selbst in der Kundenrolle waren und eine für Sie wichtige Kaufentscheidung getroffen haben. Wie war in diesem Fall die Nachbetreuung? Haben Sie sich gut und persönlich umsorgt gefühlt, oder hatten Sie den Ein-druck: »Jetzt wo ich unterschrieben habe, lässt sich der Verkäufer nicht mehr blicken«? Aus der Verhaltensforschung wissen wir, dass die Tage und ersten Wochen direkt nach dem Kauf entscheidend sind. Denn in dieser Zeit tritt häufig ein bekanntes Phänomen auf: die Nachentscheidungsreue oder Kaufreue.

Nachentscheidungsreue/Kaufreue

Praxisbeispiel:
Sie haben soeben den Kaufvertrag für Ihren neuen Privat-PKW unterschrieben. In den letzten Tagen und Wochen davor haben Sie sich intensiv mit diesem Erwerb beschäftigt. Sie haben sich mit gut informierten Kollegen unterhalten, haben einige Testberichte gelesen und sich via Internet informiert. Der Verkäufer, bei dem Sie jetzt bestellt haben, konnte Ihnen zwar auch keinen besseren Preis machen als sein Mitbewerber, aber Sie hatten einfach ein besseres Gefühl. Sie fühlten sich als Kunde ernst genommen. Dennoch! Jetzt

auf dem Heimweg fahren Sie im langsamen, samstäglichen Stop-and-go-Verkehr durch die Straßen und sehen auf die anderen Autos. Musste es wirklich so ein Teurer sein? Hätte nicht vielleicht ein Jahreswagen genügt? Und was ist mit meinem jetzigen Wagen? Der hätte es auch noch eine Weile gemacht. Oder überhaupt etwas Kompakteres, jetzt, wo die Kinder bald aus dem Haus sind und wir nicht mehr so viel zu transportieren haben?

Selbst wenn Sie diese Situation noch nicht erlebt haben, können Sie sich das wahrscheinlich gut vorstellen. Viele Menschen haben das, was Marketingstrategen und Verhaltensforscher Kaufreue oder Nachentscheidungsreue nennen. Dieser Effekt tritt – wie gesagt – in den ersten Tagen und Wochen nach dem Kauf verstärkt auf. In der Autobranche hat man das bereits vor längerer Zeit erkannt, und es wurden Akzente gesetzt. Achten Sie einmal auf die ganzseitigen Autoinserate in Zeitungen und Illustrierten. Die Werbeprofis wissen sehr wohl, dass der durchschnittliche Leser nur wenige Augenblicke bei dem Zeitungsinserat innehält. Daher geht es hauptsächlich darum, über die Bildinformation positive Emotionen in Bezug auf die Automarke und das Modell zu generieren. Wenn Sie genauer hinsehen, werden Sie bei manchen Inseraten auffallend viel Text finden. Wenn die Werbeprofis wissen, dass der Zeitungleser nur wenige Sekunden bei dem Inserat verharrt, wozu dann der Text, der in dieser kurzen Zeit niemals gelesen werden kann? Dieser Text ist nicht für neue Kunden gedacht, sondern für Kunden, die soeben gekauft haben. Die lesen den Text Zeile für Zeile und Wort für Wort und lassen sich dadurch in ihrer Entscheidung »bestätigen«. Dies wirkt, mit großzügiger Unterstützung der Werbeabteilung, der Kaufreue entgegen.

Was können Sie in Ihrer Praxis tun, um Ihre Kunden vor der Kaufreue zu bewahren?

Unmittelbar nach dem Abschluss, solange Sie noch beim Kunden sind, sagen Sie ihm, dass er eine gute Entscheidung getroffen hat, und malen Sie ein positives Bild der Zukunft in den Kopf Ihres Kunden.

Praxisbeispiel:
Sie sind Webdesigner und haben soeben beim Chef einer Großbäckerei mit 240 eigenen Filialen den Auftrag für eine komplette

Neugestaltung des Internetauftritts erhalten. Sie mussten ziemliche Überzeugungsarbeit leisten, weil Ihr Angebot achtmal so teuer war wie der Vorschlag des Neffen des Firmeneigentümers, der hobbymäßiger HTML-Programmierer ist und der der Bäckerei eine selbst gestrickte Billiglösung verkaufen wollte. Nachdem die Sache nun besiegelt ist und Ihr Kunde Ihnen noch in aller Form das Angebot sozusagen als Auftragsbestätigung unterschrieben hat, sagen Sie zu ihm: »Herr Kumpf, vielen Dank für Ihr Vertrauen und Ihren Auftrag. Sie werden sehen, dass Ihr neuer Internetauftritt nicht nur ideal zu Ihrem Unternehmen und Ihrer Strategie passt, sondern auch Ihr geplantes zukünftiges Wachstum optimal unterstützt.«

Sie sehen an der Formulierung, dass es nicht darum geht, noch einmal alle Nutzen zu wiederholen, sondern darum, positive Emotionen zu schaffen und den Kunden in seiner Entscheidung zu bestärken. Um möglichen Zweifeln, die sich in den kommenden Tagen und Wochen bei Ihrem Kunden einschleichen, entgegenzuwirken, können Sie noch die eine oder andere gezielte Maßnahme setzen.

Praxistipps:
Rufen Sie Ihren Kunden mit einer positiven Nachricht an (zum Beispiel Bestätigung des gewünschten Liefertermins etc.). Schicken Sie Ihrem Kunden einen Brief, eine E-mail oder eine Postkarte mit einer Information, die seine Entscheidung bestätigt (wie bei den Autoinseraten, die im Nachhinein noch einmal die Argumente für den bereits getätigten Kauf liefern). Falls Ihr Produkt oder Service »geliefert« werden muss, seien Sie dabei oder stellen Sie sicher, dass bei der Lieferung alles klappt. Besuchen Sie Ihren Kunden auch noch zwei bis drei Wochen nach der Übergabe und stellen Sie sicher, dass er zufrieden ist (Achtung: Erntezeit für die Empfehlungen!).

Selbstcheck

Seien Sie Ihr eigener Coach und machen Sie es sich zur Gewohnheit, nach jedem Verkaufsgespräch einen kurzen Selbstcheck zu machen. Mit jedem Verkaufsgespräch meine ich auch wirklich jedes und ganz speziell solche, bei denen Sie keinen Abschluss getätigt haben. Wir lernen nämlich mehr aus den Niederlagen als aus den Siegen (mehr dazu in meinem Buch »Trotz Fehlern in den Verkaufsolymp«, siehe Literaturliste). Ein Trainerkollege hat mir einmal gesagt:

> **»Nicht jeder Kunde kann dein Freund sein,**
> **aber er kann zumindest dein Lehrer sein.«**

Das heißt, selbst wenn wir keinen Erfolg hatten und vielleicht sogar mit dem Kunden schlecht bis gar nicht zurechtgekommen sind, können wir daraus etwas lernen, sofern wir das Gespräch danach kurz analysieren. Die weit verbreitete Methode, Niederlagen möglichst sofort runterzuschlucken und zu vergessen, ist dabei hinderlich. Das heißt nicht, dass wir uns ewig damit aufhalten – ganz im Gegenteil. Wir analysieren das Gespräch, ziehen unsere Lehren daraus und legen es zu den Akten. Das ist meistens in zwei bis drei Minuten erledigt. Die einzige Ausnahme sind Gespräche, die wir noch mit einem Kollegen, Vertrauten, Vorgesetzten etc. nachbesprechen wollen. Für den eigenen Selbstcheck hier eine kurze Checkliste (auch diese finden Sie wieder als Kopiervorlage im Anhang).

Checkliste: Selbstcheck nach dem Gespräch

- Wie war der Gesprächseinstieg?
- Wie war das aktive Zuhören?
- Habe ich mein Ziel erreicht?
- Was habe ich gut gemacht?
- Was kann ich besser machen?
- Wie war meine MNC-Technik?
- Hatte ich die richtigen und ausreichende Fürsprecher?
- Was muss ich jetzt veranlassen?
- Das nächste Gespräch vorbereiten!

Der letzte Punkt in der Checkliste ist als Gedankenstütze gedacht. Der beste Zeitpunkt zum Vorbereiten eines neuerlichen Gesprächs mit dem Kunden ist nämlich jetzt, direkt nach dem Gespräch. Jetzt sind die Eindrücke noch frisch, und wenn Sie sich jetzt die Stichwörter notieren (oder in Ihre elektronische Datenbank beziehungsweise Ihr CRM-System eintragen), gehen Sie sicher, dass von den wichtigen Informationen nichts verloren geht. Kurz vor dem nächsten Gespräch müssen Sie nur diese Notizen wieder aufrufen oder herausnehmen. Damit wirken Sie bei Ihrem Kunden professionell, gut vorbereitet, zuverlässig und erfolgreich.

Menschen kaufen gerne bei Erfolgreichen! Und dieser Erfolg ist lernbar. Das habe ich in meiner ganzen Berufslaufbahn immer wieder gesehen. Menschen, die diese Erfolgsrezepte in ihre persönliche Arbeit integrieren und dann erfolgreich sind. Erfolgreicher als die Kollegen, die »eh schon alles wissen« und immer einen »externen« Grund für ihr Versagen oder ihre Durchschnittlichkeit parat haben. Der Unterschied zwischen jenen, die »eh alles wissen« und trotzdem wenig bis gar nichts weiterbringen, und den anderen, die tatsächlich erfolgreich sind, ist nicht etwa ein überdurchschnittlicher Intelligenzquotient oder ein geerbtes Erfolgsgen. Nein, es sind drei einfache Buchstaben, die den Unterschied ausmachen:

Das »T«, das »U« und das »N«. Ja, sie

TUN

das, wovon die anderen nur schwafeln, und sie tun es von ganzem Herzen. Auch auf die Gefahr hin zu scheitern. Wer nämlich nichts tut, kann auch nicht scheitern. Wer aber das Risiko eingeht und bei jedem Scheitern (frei nach Thomas A. Edison) sagt: »Aha, ein weiterer erfolgreicher Versuch, wie es nicht geht«, der wird auch Niederlagen und Rückschläge als das nehmen, was sie sind: wertvolle Lernchancen. Nutzen Sie diese Lernchancen und machen Sie das Allerallerbeste aus Ihren Talenten und Voraussetzungen. In genau derselben Zeit, in der man eine Arbeit oder Tätigkeit halbherzig macht, kann man sie auch mit ganzem Herzen und vollem Einsatz machen. Das bringt nicht nur langfristig mehr Erfolg, es macht auch glücklicher und zufriedener. Und dabei spreche ich nicht von den materiellen Dingen. Die sind in dem Fall fast nebensächlich. Wirklich zufrieden macht uns eine Tätigkeit, die wir mit Sinn und Hingabe ausführen. Und wenn Sie dann miterleben, wie Ihre Kunden von Ihrer Arbeit profitieren, dann erfüllt Sie Ihr Tun nachhaltig. Und das wünsche ich Ihnen von ganzem Herzen!

Ihr Heinz Feldmann
feldmann@vbc.at

Anhang: Checklisten

Auf den folgenden Seiten finden Sie die Checklisten aus dem Buch als jeweils ganzseitige Kopiervorlage. Sie können sie auch gratis von unserer Homepage herunterladen: www.vbc.biz

Checkliste Besuchsvorbereitung

Ein Großteil des Verkaufserfolgs »passiert« vor dem Gespräch in der professionellen Vorbereitung. Folgende Punkte sind dabei wichtig:

Wer ist mein Kunde/meine Kundin? (Persönliches)
Wie ist das Umfeld? (Institution/Firma, Branche etc.)
Welche Unterlagen/Informationen nehme ich mit? Gute Frage/n:
Was ist mein Besuchsziel? Was ist mein Alternativziel?
Welche Fragen/Einwände erwarte ich?
Preisargumente (WWW):

Checkliste erster Eindruck

- Wichtiges über mich persönlich

- Wichtiges über mich beruflich

- Warum bin ich der geeignete Gesprächspartner?

- Wichtiges über mein Unternehmen

- Welchen besonderen Nutzen bringt das meinem Kunden?

- Welchen persönlichen Eindruck will ich hinterlassen?

- Was soll der Kunde von meiner Firma denken?

- Positive Anknüpfungspunkte zum Beziehungsaufbau

Checkliste für die Präsentationen mit Computer und Datenprojektor

• Laptop mit Netzgerät und (idealerweise) vollem Akku
• Vorbereitete Präsentation
• Datenprojektor mit Verbindungskabel
• Netzkabel
• Stromverlängerung
• Stromverteiler
• Ersatzlampe Datenprojektor
• Präsentation als »Backup« auf Papier oder auf Overheadfolie ausgedruckt
• Präsentation als Handouts auf Papier ausgedruckt (maximal sechs Folien auf DIN-A4-Seiten und insgesamt zwei Exemplare mehr als zu erwartende Teilnehmer)
• 15 bis 30 Minuten vor Beginn in den Raum
• Raum lüften
• Alles aufbauen und herrichten
• Aschenbecher leeren
• Flipchart und übrige Unterlagen vom »Vorgänger« entfernen

Selbstcheck nach dem Gespräch

- Wie war der Gesprächseinstieg?

- Wie war das aktive Zuhören?

- Habe ich mein Ziel erreicht?

- Was habe ich gut gemacht?

- Was kann ich besser machen?

- Wie war meine MNC-Technik?

- Hatte ich die richtigen und ausreichende Fürsprecher?

Literaturliste

Amon, Ingrid: »Die Macht der Stimme«, Redline

Bauer, Joachim: »Warum ich fühle, was du fühlst«, Hoffmann und Campe

Birkenbihl, Vera F.: »Fragetechnik schnell trainiert«, MVG Verlag

Capon, Noel: »Praxishandbuch Key Account-Management«, Campus

Deelen, Marjan: »NLP für VerkäuferInnen«, Signum

Feldmann, Heinz: »Preisverhandlungen leicht gemacht«, Redline

Feldmann, Heinz: »Trotz Fehlern in den Verkaufsolymp«, Signum

Hall, Edward T.: »Die Sprache des Raumes«, Cornelsen Verlag

Harris, Thomas A.: »Ich bin o. k. – Du bist o. k.«, Rowohlt

Hierhold, Emil: »Verkaufsfaktor ›P‹«, Ueberreuter

Kmenta, Roman: »Die letzten Geheimnisse im Verkauf«, Signum

Rackham, Neil: »Strategien für komplexe Verkäufe«, McGraw-Hill

Tripolt, Niklas: »Spitzenverkaufserfolge, Motivation in schwieriger Zeit«, Signum

Tripolt, Niklas: »Kundensignale erkennen – Verkaufschancen nutzen«, Signum

Verra, Stefan: »Die Körpersprache im Verkauf«, Signum

Zöllig, Heidi M.: »Verkaufen durch richtiges Zuhören«, Signum

Heinz Feldmann
Trotz Fehlern in den Verkaufsolymp

So verbessern Sie Ihre Verkaufsstrategie

Kein Verkäufer ist perfekt, Fehler und Patzer passieren jedem einmal. Doch es ist wichtig zu lernen, über seinen eigenen Schatten zu springen, Fehler einzugestehen und Konsequenzen daraus zu ziehen. Klingt einfach, ist es aber nicht, wie wir alle aus dem Alltag wissen: Fehler zuzugeben ist eine der größten Hürden im Verkauf.

Dieses Buch zeigt Ihnen, wie Fehler zustande kommen und wie Sie am besten mit ihnen umgehen. Ein kompakter Ratgeber für Neulinge und Profis, der unkonventionelle Denkanstöße bietet und zeigt, dass das oft praktizierte »Fehler-Vertuschen« die schlechteste aller Lösungen ist.

112 Seiten, ISBN 978-3-85436-358-3
Signum

BUCHVERLAGE
LANGENMÜLLER HERBIG NYMPHENBURGER
WWW.HERBIG.NET

Niklas Tripolt
Kundensignale erkennen – Verkaufschancen nutzen

Ratgeber für den erfolgreichen Verkauf

So planen Sie Ihre Verkaufsabschlüsse richtig und verbessern Ihre Abschlussquote!

Anhand vieler Beispiele beschreibt der praxiserpobte Verkaufs-Profi Niklas Tripolt, wie Verkäufer positive Signale des Kunden frühzeitig erkennen und »den Sack zumachen«. Detailliert erklärt er die Mechanismen des Verkaufs. Der Leser arbeitet dazu die »glorreichen sieben Abschlusstechniken« durch, die die Erfolgsquote beflügeln, lernt außerdem die fünf Komponenten des Verkaufserfolgs kennen und erfährt, welche schlauen Abschlussfragen es gibt und welche Rolle der Preis im Verkaufsgespräch spielt.

168 Seiten, ISBN 978-3-7766-8016-4
Signum

Lesetipp

BUCHVERLAGE
LANGENMÜLLER HERBIG NYMPHENBURGER
WWW.HERBIG.NET

Stefan Verra
Die Körpersprache im Verkauf

Überzeugend wirken, mitreißend kommunizieren

Wie wichtig Mimik, Gestik, Körperhaltung und -bewegung für den Verkauf ist, zeigt Verkaufstrainer Stefan Verra. Mit vielen Tipps, Übungen, informativen Bildern und unterhaltsamen Karikaturen erklärt er, wie man Körpersignale entschlüsselt, sich für »nonverbale« Botschaften sensibilisiert, Konflikt- situationen besser beherrschen kann, und wie man sicher und kompetent auftritt.

»Voll aus dem Verkäuferleben gegriffen! Unser Verkaufsteam tritt jetzt um vieles bewusster und kompetenter auf. Dieses Buch ist ein Pflichtlektüre für alle Menschen im Verkauf.«
Peter Pollak, Managing Director – Dyson Austria

268 Seiten, ISBN 978-3-85436-383-5
Signum

Lesetipp

BUCHVERLAGE
LANGENMÜLLER HERBIG NYMPHENBURGER
WWW.HERBIG.NET